沈阳铁路局"361"专业化培训系列教材

计算机实用软件基础

沈阳铁路局教材编审委员会　组织编写

中国铁道出版社

2014年·北 京

内 容 简 介

本教材为《沈阳铁路局"361"专业化培训系列教材》之一,本教材共分为六章,主要包括:中文处理软件 Word 2003、中文电子表格 Excel 2003、演示文稿 PowerPoint 2003、计算机网络基础、Photoshop CS3 基础、会声会影基础。

本教材从培养高技能人才出发,以提高学员综合能力为目的,结合运输站段现场实际,考虑到"361"学员的特点,充分体现出了基础课为专业课服务的原则。使之更加符合学员和现场实际,符合沈阳铁路局统一制定的"361"专业化培训教学指导方案。

图书在版编目(CIP)数据

计算机实用软件基础/沈阳铁路局教材编审委员会组织编写. —北京:中国铁道出版社,2014.7
沈阳铁路局"361"专业化培训系列教材
ISBN 978-7-113-18969-3

Ⅰ.①计… Ⅱ.①沈… Ⅲ.①软件—技术培训—教材
Ⅳ.①TP31

中国版本图书馆 CIP 数据核字(2014)第 157327 号

书　名:　沈阳铁路局"361"专业化培训系列教材
　　　　　计算机实用软件基础
作　者:　沈阳铁路局教材编审委员会　组织编写

责任编辑:黄　璐　　电话:010-51873138　　电子信箱:tdpress@126.com
封面设计:王镜夷
责任校对:焦桂荣
责任印制:陆　宁　高春晓

出版发行:中国铁道出版社(100054,北京市西城区右安门西街 8 号)
网　址:http://www.tdpress.com
印　刷:北京米开朗优威印刷有限责任公司
版　次:2014 年 7 月第 1 版　2014 年 7 月第 1 次印刷
开　本:880 mm×1 230 mm　1/32　印张:7.5　字数:215 千
书　号:ISBN 978-7-113-18969-3
定　价:32.00 元

前　言

　　"361"专业化培训实施两年来,为铁路运输生产培养了一大批技术骨干和专业技术后备干部,为促进沈阳铁路局科学发展、安全发展提供了人力资源保障,得到了上级领导的肯定和广大基层职工的认可,为实现全局人才队伍素质提升奠定了坚实基础。

　　在"361"培训实践过程中,我们逐步探索出铁路高技能人才培养模式,并形成一整套切合铁路运输生产实际和高技能人才培养目标所需的培训内容体系。为拓展员工知识面,我们相继开设了与管理相关的课程,如《铁路应用文体写作》、《铁路班组管理》、《计算机实用软件基础》三门课程,学员反映良好。经过两年的培训、实践,《铁路应用文体写作》、《铁路班组管理》和《计算机实用软件基础》三本教材在不断完善、充实,目前已比较完备,符合学员和现场实际,符合沈阳铁路局制定的"361"专业化培训教学指导方案。

　　本教材第一、三章由王丽静编写,第二、四章由张红艳编写,第五、六章由杨靖编写。由于编者水平有限,教材中难免有疏漏和不当之处,请广大读者予以指正。

编　者

2014 年 5 月

目　录

第一章　中文处理软件 Word 2003

中文 Word 2003 是 Microsoft 公司开发的办公自动化软件 Microsoft Office 2003 中文版中的一个字处理软件。它功能强大、界面友好、操作方便,是常用的办公应用软件。在中文 Word 2003 中,用户可以进行文字输入、文件编辑、编排版面、制作表格、插入图片等操作。

第一节　Word 2003 工作界面

启动 Word 2003 后,就出现了 Word 2003 的工作界面,如图 1-1 所示,主要由标题栏、菜单栏、工具栏、标尺、文档编辑区、滚动条、状态栏等组成。

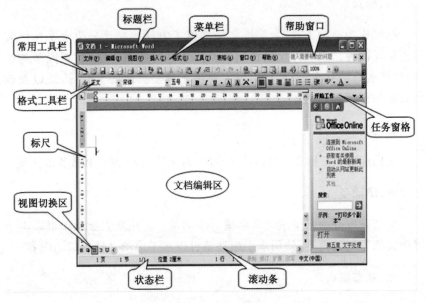

图 1-1　Word 2003 的工作界面

一、标题栏

标题栏主要用于显示文档的标题,即该文档的文件名,并且可以控制窗口的"最小化"、"最大化"以及"关闭"窗口。

二、菜单栏

菜单栏显示了 Word 命令功能的所有列表。每个菜单都有自己的一组命令,每个菜单名在广义上概括了这组命令的主要功能。

三、工具栏

工具栏提供了 Word 操作的常用命令。默认情况下,只显示"常用"和"格式"工具栏,前者主要用于一些文本的编辑等常用操作,后者主要用于格式化文档及排版。如果还想增加其他工具栏,选择菜单"视图"→"工具栏"下面的各子菜单即可。

四、标尺

标尺作为一种工具,为编排文档提供了方便。标尺分为水平标尺和垂直标尺两种。水平标尺主要用于调整页面的左右边距,实现段落的缩进,改变表格的列宽等;垂直标尺主要用于调整页面的上、下边距以及改变表格的行宽等。

五、文档编辑区

文档编辑区又称文档窗口或文本区,是文档录入、编辑和排版的区域。

六、滚动条

滚动条可分为水平滚动条和垂直滚动条。使用垂直滚动条可以上下滚动文档窗口的内容;使用水平滚动条可以水平滚动文档窗口的内容。

七、状态栏

状态栏显示插入点所在的页号、节数、位置等,并显示当前操作的提示信息。

第二节　文档的基本操作

本节将重点介绍文档的新建、保存、打开、文档视图方式等基本操作。

一、新建文档

在进行文本输入与编辑之前，首先要做的就是新建一个文档。用户在每次启动 Word 2003 时，系统会自动为用户创建一个名为"文档 1"的空白文档。

比较常用的建立新文档的方法有以下三种：

1. 单击"文件"菜单中的"新建"命令。

2. 单击工具栏上的新建按钮 。

3. 按【Ctrl＋N】组合键。

单击"文件"菜单中的"新建"命令，将会出现新建文档选项卡，如图 1-2所示。选择"空白文档"，单击"确定"按钮即可。后两种方法可以直接创建出空白文档。

图 1-2　新建文档选项卡

二、保存文档

保存文档是将编辑好的文档保存到磁盘上，以后可以随时打开进行编辑和修改。

（一）常用的保存方法

1. 单击"文件"菜单中的"保存"命令。

2. 单击工具栏上的保存按钮 。

3. 按【Ctrl＋S】组合键。

（二）保存文档的具体操作步骤

1. 按下【Ctrl＋S】组合键或执行其他的保存命令，打开"另存为"对话框，如图 1-3 所示。

2. 单击"保存位置"右侧的下拉按钮，选择保存位置。

3. 在"文件名"右侧框中输入文件名称。

图 1-3 "另存为"对话框

4. 单击"保存"按钮。此时标题栏中的文件名就变成了保存后的名称。

三、打开文档

对已存在的 Word 文档，用户可以直接将其打开进行编辑。

（一）打开文档的方法

1. 单击"文件"菜单中的"打开"命令。

2. 单击工具栏上的打开按钮 。

3. 按【Ctrl＋O】组合键。

（二）打开文档的具体操作步骤

1. 单击"文件"菜单中的"打开"命令，或执行另外两种"打开"命令，屏幕上出现"打开"对话框，如图 1-4 所示。

图 1-4　"打开"对话框

2. 单击"查找范围"右侧的下拉按钮，打开下拉列表，选择文件存放的位置。

3. 双击要打开的 Word 文档图标，或选中文档并单击"打开"按钮，即可打开该文档。

四、文档视图方式

Word 2003 为用户提供了 5 种视图方式：普通视图、Web 版式视图、页面视图、阅读版式和大纲视图。用户可以通过不同的视图方式来查阅文档。不同类型的文档可以采用不同的视图方式。如果想提前看到打印的效果，可以切换到页面视图下查看；如果想看一下文档的大纲，可以切换到大纲视图下查看。

如果要切换视图方式，可以单击水平滚动条左端的按钮，或通过"视图"菜单中的相应命令进行切换。

第三节　文本编辑

Word 2003 作为一个文字处理软件,有着强大的文本编辑功能。本节将重点介绍文本的输入、复制、剪切、粘贴、查找和替换等内容。

一、输入文本

在 Word 中,用户可以输入文字、数字,还可以插入一些符号。

（一）输入文本

输入文本的操作步骤是：

1. 切换输入法,输入文字。

2. 需要另起一段时,按【Enter】键。

3. 对文本进行修改和保存。

（二）输入符号

在 Word 中用户可以插入各种符号,如◎、★、V、℃等。插入符号的具体操作步骤如下：

1. 确定插入点。

2. 单击"插入"菜单中的"符号"命令,打开"符号"对话框,如图 1-5 所示。

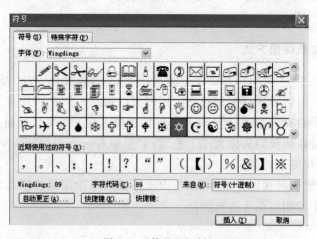

图 1-5　"符号"对话框

3. 单击"字体"右侧的下拉按钮,打开下拉列表,从中选择相应字体,然后选择符号。如果选择更多的符号,也可以单击"子集"右侧的下拉按钮,打开下拉列表,从中选择相应子集,然后选择符号。

4. 单击"插入"按钮,关闭对话框。想要的"符号"就出现在光标处。如果要输入特殊符号,单击"插入"菜单中的"特殊符号"命令。

二、文本的编辑

文本的编辑包括文本的选中、复制、移动等操作。

（一）选中文本

选中文本是编辑文本的前提,要想复制或移动文本,首先要选中文本。在 Word 2003 中,可以通过鼠标拖动来选中文本,也可以通过键盘来选中文本;可以选中一个字、一个词或者一句话,也可以选中整行、一个段落或者一块不规则区域中的文本。

1. 拖动选择文本

在工作区中,有一个光标。在 Word 2003 中,用户可以通过这个光标来选中文本。

首先将光标放到要选中的文本的前面,按下鼠标左键,此时插入点出现在选中文本的前面,水平拖动光标到要选中文本的末端（注意:要水平拖动）,选中的文本会以反白显示。

2. 选中一句话

将光标放在一句话中的任何位置,然后双击鼠标左键即可。

3. 选中一行或多行

将鼠标指针移到窗口的最左端（注意:不要跨过标尺）,这时鼠标指针变成指向右上方指的箭头形状,此时单击鼠标,就会选中一整行。如果要选择多行,在选中一行的基础上加上鼠标的拖动即可。

4. 选中整段文本

将光标放在段落中的任意位置,然后在该段落上连续三击鼠标左键,这样整个段落即可被选中。

5. 使用【Shift】键＋鼠标选中任意文本

利用键盘上的【Shift】键与鼠标结合,可以选中任意文本。将光标放到要选中文本的起始位置,按下键盘上的【Shift】键,然后用鼠标单击要选中文本的末尾位置,这样就将两个光标之间的规则或不规则的文本选中。

6. 全选文本

要将文档中所有的文本都选中,可按【Ctrl＋A】组合键。

(二)复制文本

复制文本就是使相同的文本重复出现,此操作在编辑长文档时比较常用,可减少文本的重复录入和编辑。在 Word 中,复制文本的方法有多种,用户可以根据自己的习惯,掌握任意几种进行操作。

复制文本的方法有下列几种:

1. 利用菜单命令

(1)选中要复制的文本。

(2)单击"编辑"菜单中的"复制"命令。注意:此时已将选中的文本放置到后台的剪贴板上。

(3)确定插入点,将光标移到目标位置,即移到要放置复制的文本的位置。

(4)单击"编辑"菜单中的"粘贴"命令,就出现两份相同的选中的文本。

2. 利用鼠标拖动

(1)选中要复制的文本。

(2)按下【Ctrl】键不放,同时利用鼠标拖动选中的内容。

(3)拖到目标位置后,松开鼠标。

3. 利用工具栏按钮

(1)选中要复制的内容。

(2)单击工具栏上的复制按钮。

(3)确定插入点。

(4)单击工具栏上的粘贴按钮。

4. 利用快捷键

(1)选中要复制的文本。

(2)按【Ctrl＋C】组合键。

(3)确定插入点。

(4)按【Ctrl＋V】组合键。

（三）移动文本

移动文本与复制文本的操作相似，只是移动文本是将选中的文本移动到另外一个位置，原位置中的文本就不存在了。

移动文本可以通过下面几种方法来完成：

1．利用菜单命令

(1)首先选中要移动的文本。

(2)单击"编辑"菜单中的"剪切"命令，此时已将选中的文本放置到后台的剪贴板上。

(3)确定插入点，即将光标移到目标位置。

(4)单击"编辑"菜单中的"粘贴"命令，即移动了文本的位置。

2．利用鼠标拖动

(1)选中要移动的文本。

(2)在选中的内容上按下鼠标并拖动。

(3)拖到目标位置后，松开鼠标。

3．利用工具栏按钮

(1)选中要移动的文本。

(2)单击工具栏上的剪切按钮 ✂ 。

(3)确定插入点。

(4)单击工具栏上的粘贴按钮 📋 。

4．利用快捷键

(1)选中要复制的文本。

(2)按【Ctrl＋X】组合键。

(3)确定插入点。

(4)按【Ctrl＋V】组合键。

三、查找与替换

查找与替换是文字处理过程中最常用的一项功能。在编辑文档时，错误不可避免，尤其是大量重复性的错误，单靠人眼去查找费力、费时，准确率还不高。在 Word 2003 中可利用查找与替换工具来完成。

（一）查找文本

在 Word 2003 中,可通过查找功能来查找无格式的文本、有格式的文本以及特殊字符等。具体操作步骤如下:

1. 单击"编辑"菜单中的"查找"命令,弹出如图 1-6 所示的对话框及"查找"选项卡。

图 1-6　"查找和替换"对话框与选项卡

2. 在"查找内容"中输入要查找的文本。

3. 单击"查找下一处"按钮,系统开始查找,当找到该文本时,会反白显示。

4. 单击"查找下一处"继续查找,如果查找完毕后,系统会弹出如图 1-7 所示的对话框,单击"是"按钮,将重新再查找一遍;单击"否"按钮,则退出当前对话框。

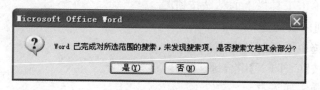

图 1-7　"查找"结束时的对话框

5. 单击"取消"按钮或按下【Esc】键退出"查找"命令。

单击"查找"对话框中的"高级"按钮,可以进行更为复杂的查找,这里不再详述。

（二）替换文本

在 Word 2003 中,可对查找到的文本进行替换。替换文本的操作步骤如下：

1. 单击"编辑"菜单下的"替换"命令，弹出如图 1-8 所示的"查找和替换"对话框及"替换"选项卡。

图 1-8　"查找和替换"对话框及"替换"选项卡

2. 在"查找内容"文本框中输入要查找的文本；在"替换为"文本框中输入要替换的文本。如果需要，可单击"高级"按钮，在弹出的对话框中对查找或替换的文本进行设置。

3. 单击"查找下一处"按钮，需要替换时，单击"替换"按钮。

4. 如果要全部替换，单击"全部替换"按钮。替换完毕时，会弹出如图 1-9 所示的提示框，单击"确定"按钮。

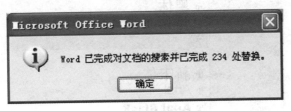

图 1-9　替换文本信息框

第四节　格式化文档

在 Word 2003 中，可以通过设置字体、字号、字形、行间距、段间距、边框和底纹以及分栏排版等，使文档格式看上去更加漂亮美观。

一、设置字体、字号、字形格式

本节主要介绍通过"格式"工具栏、"字体"对话框对文本进行字体、字号、字形的相关设置。

（一）"格式"工具栏

设置文字格式最快捷的方法是使用"格式"工具栏上的下拉列表完成。如果没有显示出来，可以通过点击"视图"菜单，选择"工具栏"命令，选中"格式"命令，使"格式"工具栏显示出来。

1. 设置字体

设置字体的操作步骤：

（1）选中文本。

（2）单击"格式"工具栏上字体框右侧的下拉按钮，打开下拉列表，如图 1-10 所示。

（3）选择一种字体，选中的文本即可变成该字体。

图 1-10　字体下拉列表

2. 设置字号

字号就是文本的大小。

（1）选中文本。

（2）单击"格式"工具栏上字号框右侧的下拉按钮，打开下拉列表。

(3)选择一种字号,即可调整文字的大小。

3. 设置字形

字形是指附加给文本的一种属性,如加粗、下划线、斜体、加边框等。选中文本后进行下列操作:

(1)单击 **B** 按钮(快捷键【Ctrl＋B】),可以使选中的文本加粗显示。

(2)单击 *I* 按钮(快捷键【Ctrl＋I】),可以使选中的文本倾斜显示。

(3)单击 **U ·** 按钮(快捷键【Ctrl＋U】),可以为文本加下划线。

(4)单击 **A** 按钮,可以为文本加边框。

(5)单击 **A** 按钮,可以为文本加底纹。

(二)"字体"对话框

用户可以利用"字体"对话框,同时修改字体、字形、字号等。具体操作步骤如下:

1. 选中文本。

2. 单击"格式"菜单中的"字体"命令,打开"字体"对话框,如图 1-11 所示。

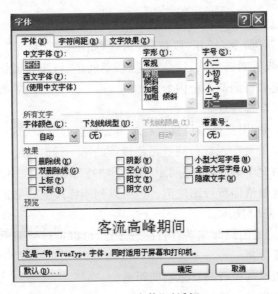

图 1-11　"字体"对话框

3. 单击"中文字体"对应的下拉按钮,打开下拉列表,从中可以选择字体。

4. 在"字形"框中可以选择文本的字形。

5. 在"字号"框中可以选择文本的字号。

6. 单击"下划线线型"对应的下拉按钮,打开下拉列表,从中可以选择下划线线型。

7. 单击"字体颜色"对应的下拉按钮,打开下拉列表,从中可以选择文本的颜色。

8. 在"效果"框中可以设置文本的效果,如上标、下标、阳文等。

9. 在"预览"框中可以预览到设置的效果。

设置完成后,单击"确定"按钮。

对文本进行字符间距或动态效果设置时,可以单击"字体"对话框上的"字符间距"或"文字效果"选项,打开"字符间距"或"文字效果"选项卡,进行设置。

二、设置段落格式

用户可以对整个文档或部分段落进行段落格式的编辑。单击"格式"菜单中的"段落"命令,打开"段落"对话框,如图 1-12 所示。通过该对话框,用户可以设置对齐方式、段落缩进、段落间距、行距等属性。这里主要介绍段落缩进和行距两部分内容。

（一）设置段落缩进

在 Word 中,用户可以设置首行缩进、悬挂缩进、左缩进及右缩进,其中首行缩进应用最广。首行缩进是将段落的第一行向内缩进。用户可以在"段落"对话框中的"缩进和间距"选项卡"特殊格式"框中选择"首行缩进",并设置度量值即首行缩进值。也可以利用标尺上的缩进按钮设置首行缩进,如图 1-13 所示。

按住【Alt】键的同时拖动首行缩进按钮,可以进行微调。

（二）设置行距

行距是指段落中行与行之间的距离。

设置行距的具体操作步骤如下:

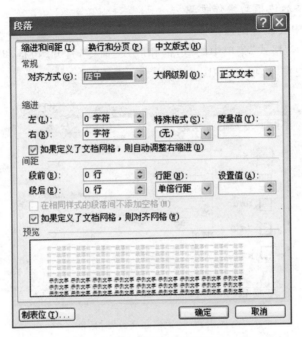

图 1-12　"段落"对话框

图 1-13　缩进按钮

1. 将光标放到要设置行距的段落中。
2. 单击"格式"菜单中的"段落"命令，打开"段落"对话框。
3. 单击"行距"框右侧的下拉按钮，打开下拉列表。
4. 从中选择一种行距，单击"确定"按钮。

三、边框和底纹

边框和底纹可以突出文档中的内容，起到美化文档的作用。

（一）添加边框的操作步骤

1. 选中要设置的段落。

2. 单击"格式"菜单中的"边框和底纹"命令，打开"边框和底纹"对话框，选择"边框"选项卡，如图 1-14 所示。

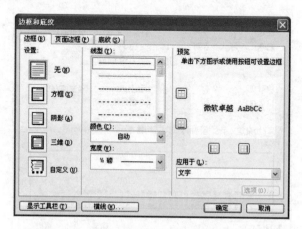

图 1-14 "边框和底纹"对话框

3. 在对话框中选择相应的边框样式、线型、颜色、宽度等。

4. 单击"确定"按钮，其效果如图 1-15 所示。

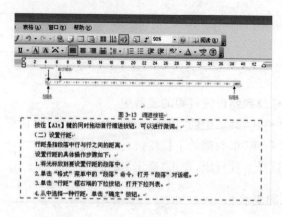

图 1-15 设置边框后的效果图

(二)添加底纹的操作步骤

1. 选中要设置的段落。

2. 单击"格式"菜单中的"边框和底纹"命令,打开"边框和底纹"对话框,选择"底纹"选项卡。

3. 在对话框中选择相应的底纹的颜色、图案等选项。

4. 单击"确定"按钮。

四、分栏排版

在 Word 中,用户可以将一页文档分为几栏,或将一页文档中的某些部分分为几栏。其操作步骤如下:

1. 单击要进行分栏的页,或选中要进行分栏的文本。

2. 单击"格式"菜单下的"分栏"命令,弹出如图 1-16 所示的"分栏"对话框。

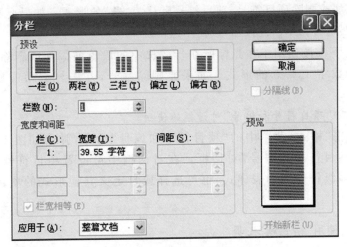

图 1-16　"分栏"对话框

3. 在对话框的"栏数"框中输入所需的栏数,或单击"预设"组合框中的"一栏"、"两栏"、"三栏"选项。

4. 如果想进行不等宽栏的设置,单击"预设"组合框中的"偏左"或"偏右"选项。

5. 勾选"分栏"对话框中的"分隔线"选项,系统会使栏与栏之间出现分隔线。

6. 如果想改变间距和栏宽,在相应的"宽度和间距"选项下进行设置。

7. 设置完毕后,单击"确定"按钮。

五、项目符号和编号

在文档中经常有一些并列的内容,这就需要添加项目符号。文档中的各级标题一般需要添加段落编号或多级符号。Word 为用户提供了自动添加项目符号、段落编号、多级符号和列表样式的功能,并可随文本的插入、删除而自动调整后边的编号。

(一)"格式"工具栏中"项目符号"和"编号"按钮的使用

"格式"工具栏中的项目符号 ☰ 按钮,用于在光标所在行或选中的段落前添加或删除项目符号,项目符号默认为"●"的形式。如果要删除添加的符号,可再单击此按钮,或使用退格键。

编号 ☰ 按钮用于在光标所在行或选中的段落前添加或删除编号,默认为数字 1,2,3 的形式。如果要删除编号,方法与删除项目符号相同。

(二)"项目符号和编号"对话框的使用

单击"格式"菜单中的"项目符号和编号"命令,弹出如图 1-17 所示的"项目符号和编号"对话框。在对话框中可设置项目符号、段落编号、多级符号和列表样式,也可选择或自定义其他形式的项目符号和编号。

六、使用"格式刷"工具

在文本编辑时,某些文本或段落的格式相同,如果重复设置非常麻烦,可利用格式复制功能提高编辑的速度。格式刷 ✔ 就是用来复制文本和段落格式的最佳工具。

要复制文本格式,先选中要复制的格式文本。若要复制段落格式,选中具有此格式的段落(包括段落标记)。

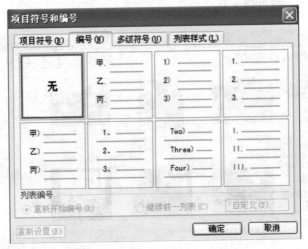

图 1-17 "项目符号和编号"对话框

格式刷具体操作步骤如下：

1. 选中已设置好格式的文本或段落。

2. 单击"常用"工具栏上的"格式刷" 按钮，取得已有的格式。此时，鼠标指针变成刷子形状。

3. 将鼠标指针移动到要改变格式的文本或段落中，从文本开始位置拖动鼠标到结束位置，此时鼠标恢复原状，格式已复制。

第五节 图文混排

为了使版面更加丰富多彩，用户可以在文档中插入图片、绘制各种图形、插入文本框和艺术字等来实现图文混排。

一、插入图片

（一）插入图片的具体操作步骤

1. 将光标放到要插入图片的位置，单击"插入"菜单中的"图片"→"来自文件"命令，即可打开"插入图片"对话框，如图 1-18 所示。

2. 选择要插入的图片文件所在的位置，选中要插入的图片，单击"插入"按钮,图片即可插入到文档中。

图 1-18 "插入图片"对话框

(二)编辑图片

1. 调整图片大小

单击选中图片后,其周围会出现 8 个黑色的小正方形,我们常把它叫做尺寸句柄。把鼠标放到小正方形上面,鼠标就变成了双箭头的形状,按住鼠标左键并拖动,即可改变图片的大小。拖动图片 4 个角的小正方形句柄,可以等比例缩放图片。

2. 设置图片格式

设置图片的格式,可以双击该图片,也可以选中图片后单击"格式"菜单中的"图片"命令,弹出"设置图片格式"对话框,如图 1-19 所示。

该对话框中包含了颜色与线条、大小、版式、图片、文本框和网站 6 个选项卡。

(1)在"图片"选项卡中,可以对图片进行裁剪,调整图片的颜色、对比度和亮度等。

(2)在"颜色与线条"选项卡中可以设置图片的颜色、透明度、线条和箭头。

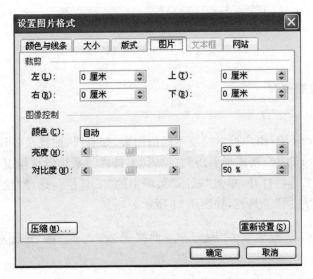

图 1-19　"设置图片格式"对话框

（3）在"大小"选项卡中，可以设定图片的尺寸、旋转角度和缩放比例。单击"锁定纵横比"复选框后，在改变图片大小时，可以等比例缩放。

（4）在"版式"选项卡中，可以改变文字环绕方式和水平对齐方式。在 Word 2003 中文字的环绕方式包括以下几种：

①嵌入型环绕：文字围绕在图片的上下方；

②四周型环绕：文字围绕在图片的四周；

③紧密型环绕：文字密布在图片的四周；

④衬于文字下方：图片在文字的下方；

⑤浮于文字上方：图片在文字的上方，覆盖文字。

对图片操作时，"文本框"选项卡不能用，"网站"选项卡采用系统默认即可。

在 Word 2003 中，还可以通过"图片"工具栏进行插入图片与设置图片格式操作。调出"图片"工具栏的方法是：单击"视图"菜单，选择"工具栏"子菜单下的"图片"，如图 1-20 所示。

图 1-20　"图片"工具栏

二、绘制图形

(一)绘制图形

在 Word 中,用户可以绘制不同的图形,如直线、曲线及各种标注等。

在 Word 中绘制图形要用到"绘图"工具栏。系统默认情况下并没有将"绘图"工具栏打开,单击"视图"菜单中的"工具栏",选择"绘图"菜单,即可打开"绘图"工具栏,如图 1-21 所示。

图 1-21　绘图工具栏

绘制图形的具体操作步骤如下:

1. 单击"绘图"工具栏上的"自选图形"右侧的下三角按钮,打开下拉列表,其中列出的图形类型有:线条、基本形状、箭头总汇、流程图、星与旗帜和标注等。用鼠标指向其中的某个类型,会出现相应的下拉列表,如图 1-22所示。

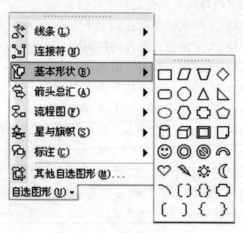

图 1-22　自选图形下拉列表

2. 选择一种图形,在空白处按下鼠标左键并拖动,即可绘制出图形。需要注意的是,如果选择的是"线条",需要在结束处双击鼠标左键表示完毕。

(二)编辑图形

在 Word 中,绘制好的图形,可以利用"绘图"工具栏对它进行填充颜色,更改线条颜色、线型,设置阴影和三维效果、旋转或翻转、添加文字、对多个图形进行组合以及修改叠放次序等操作。

1. 填充颜色

操作步骤为:选中绘制的图形,在"绘图"工具栏上点击"填充颜色"按钮,选择一种颜色进行填充,效果如图 1-23 所示。

2. 更改线条颜色、线型

操作步骤为:选中绘制的图形,在"绘图"工具栏上点击"线条颜色"按钮,选择一种颜色,点击"线型"按钮,选择一种线条类型,效果如图 1-24 所示。

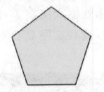

图 1-23　填充颜色

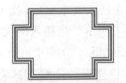

图 1-24 更改线条颜色、线型

3. 添加文字

操作步骤为:选中绘制的图形,单击鼠标右键,选择添加文字,就可以在绘制的图形中输入文字了,如图 1-25 所示。

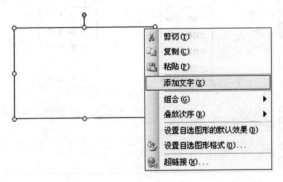

图 1-25　添加文字

绘制好的图形,还可以通过"绘图"按钮进行旋转或翻转、组合、叠放次序、微移、对齐和分布、改变自选图形等操作。

三、插入文本框

文本框是用来输入文字的一个矩形方框。插入文本框的好处在于文本框可以放在任意位置,还可以随时移动。在 Word 2003 中,用户可以插入横排文本框(即文本横向显示)和竖排文本框(即文本竖向显示)。

插入文本框的具体操作步骤如下:

1. 单击"绘图"工具栏上的横排文本框按钮或竖排文本框按钮,也可以单击"插入"菜单中的"文本框"命令,选择横排文本框或竖排文本框,鼠标变成"十"字形。

2. 在需要添加文本框的位置单击并拖动鼠标,就可出现一个空文本框。

3. 在插入文本框后,就可在文本框的光标处输入文字了,两种效果如图 1-26 所示。当插入的文本框大小不合适,或者文字显示不出来时,可通过拖动其 8 个尺寸句柄来进行调整。

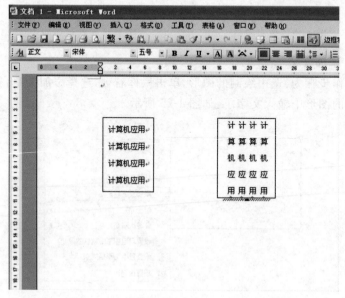

图 1-26   左为横排文本框,右为竖排文本框

　　设置文本框的属性时，双击文本框或选中文本框后使用快捷菜单中的"设置文本框格式"命令，即可在弹出的"设置文本框格式"对话框中进行相应设置，如图 1-27 所示。

图 1-27　"设置文本框格式"对话框

四、插入艺术字

　　艺术字可以产生一种立体的视觉效果，在美化版面方面起着非常重要的作用。插入艺术字的具体操作步骤如下：

　　1. 选择"插入"菜单中的"图片"命令，选择其子菜单中的"艺术字"命令，或单击"绘图"工具栏中的"插入艺术字"按钮 ，打开如图 1-28 所示的"艺术字库"对话框。

　　2. 在"艺术字库"对话框中单击一种艺术字的样式，然后单击"确定"按钮，这时就会出现如图 1-29 所示的"编辑'艺术字'文字"对话框。

　　3. 在"文字"框内输入要创建的艺术字。

　　4. 在"字体"下拉列表中选择艺术字的字体。

　　5. 在"字号"下拉列表中选择艺术字的字号。

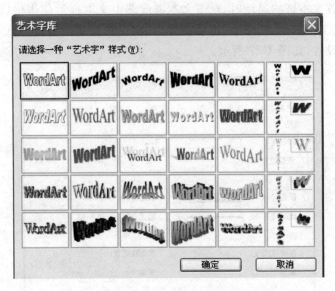

图 1-28　"艺术字库"对话框

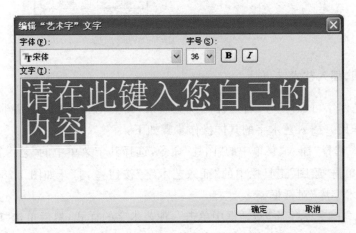

图 1-29　"编辑'艺术字'文字"对话框

6. 设置完成后,单击"确定"按钮,效果如图 1-30 所示。

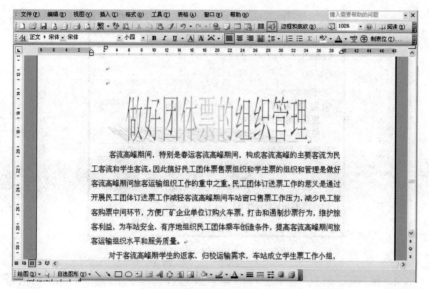

图 1-30　创建艺术字后的效果图

第六节　制作表格

在 Word 2003 中，用户可以直观、轻松地绘制出各种复杂的表格，还可以对表格的数据进行简单的计算和排序。

一、创建表格

在 Word 中，创建表格的方法很多。以下是创建表格的常用方法及其操作步骤。

（一）用"表格"菜单下的"插入"命令创建表格

操作步骤如下：

1. 将光标移至要插入表格的位置。

2. 单击"表格"菜单，选择"插入"子菜单下的"表格"命令，弹出如图 1-31 所示的"插入表格"对话框。

3. 在"行数"与"列数"数字框中输入或选择插入表格的行数与列数。

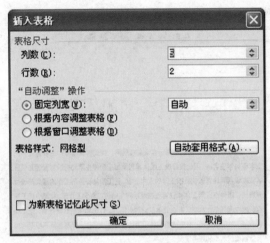

图 1-31　"插入表格"对话框

4. 在"固定列宽"选项中可以输入或选择每一列的宽度,系统默认情况下是"自动"模式。

5. 如果想套用 Word 中自设的表格,请单击"自动套用格式"按钮,弹出如图 1-32 所示的"表格自动套用格式"对话框,该对话框为用户提供了很多表格样式。设置完"表格自动套用格式"对话框后,单击"确定"按钮即可返回"插入表格"对话框。

6. 设置完毕后,单击"确定"按钮即可生成表格。

7. 表格左上角的"✛"用来移动表格,右下角的"□"用来缩放表格。

(二)用"插入表格"按钮创建表格

操作步骤如下:

1. 将光标移至要插入表格的位置。

2. 单击常用工具栏上的"插入表格"按钮▦。

3. 系统默认列表框所显示出来的表格是 2 行 5 列。按住鼠标左键向下或向右进行拖动,列表值会增加,向上或向左进行拖动列表值会减小。当达到所需行数和列数时,松开鼠标左键。

(三)手动绘制表格

以上两种方法只能创建出单元格规则的表格,对于那些不规则的表格,可进行手动绘制。手动绘制表格也可对已创建的表格进行修改。

单击"视图"菜单,选择"工具栏"子菜单下的"表格和边框"命令,弹出如图 1-33 所示的"表格和边框"工具栏。

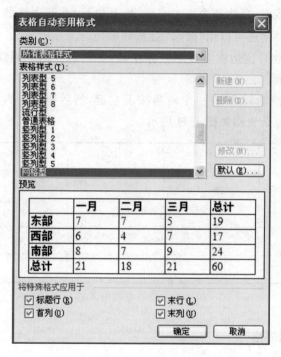

图 1-32 "表格自动套用格式"对话框

图 1-33 "表格和边框"工具栏

手动绘制表格的操作步骤如下:

1. 单击"表格和边框"工具栏上的"绘制表格"按钮,鼠标指针变成笔形。

2. 在表格和边框工具栏中选择所需的线型、线条大小以及边框颜色等。

3. 将光标移至要绘制表格的位置，按下笔形光标并斜向拖动，此时出现一个虚线框，当达到表格大小后，松开鼠标，此时表格的外框就绘制好了。如果画错还可以用"擦除" ▣ 按钮擦掉。

4. 在表格外围边框上按下鼠标左键，并向右或向下画线，可绘制出表格的行和列。

5. 如果绘制斜线，在一个对角按下左键，然后拖动到另一个对角即可。画出的复杂表格如图 1-34 所示。

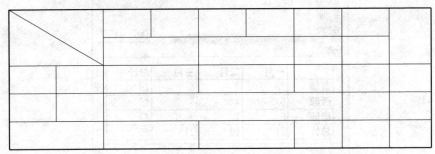

图 1-34　手动绘制的表格

二、编辑表格

创建好表格后，下一步操作就是向表格中输入文本。在表格中输入文本的方法和在文档中输入正文的方法一样，只要将插入点定位在要输入文本的单元格中，即可输入文本。

在绘制表格过程中或绘制完成后，经常需要对表格进行各种编辑操作，包括合并和拆分单元格，插入行、列或单元格，删除行、列或单元格，拆分表格等。

（一）单元格的选择

表格是由一个或多个单元格组成，单元格就像文档中的文字，只有选择单元格后才能对其进行操作。

将光标定位到任意一个单元格内，单击菜单"表格"→"选择"命令可选择行、列、单元格或者整个表格。

其他选择方法如下：

1. 将光标放到单元格的左下角，鼠标变成一个黑色的箭头，单击可选择一个单元格，拖动鼠标可选择多个。

2. 像选中一行文字一样，在左边文档的选择区中单击，可选中表格的一行单元格。

3. 将光标移到某一列的上边框，当光标变成向下的箭头时单击即可选择该列。

4. 将光标移到表格左上方，当表格的左上方出现一个十字形的移动标记时，单击该标记可选择整个表格。

（二）合并或拆分单元格

合并单元格是将若干个单元格合并成一个大单元格。拆分单元格是将一个单元格分解成若干个小单元格。

合并单元格的操作步骤是：

1. 选中要合并的单元格。

2. 单击"表格"菜单下的"合并单元格"命令。

拆分单元格的操作步骤是：

1. 单击要拆分的单元格。

2. 单击"表格"菜单下的"拆分单元格"命令。

3. 在弹出的"拆分单元格"对话框中输入或选择拆分后的行数和列数，如图 1-35 所示。

图 1-35　拆分单元格"对话框

4. 单击"确定"按钮。

（三）插入行、列或单元格

在表格中插入行、列和单元格的方法有以下几种：

1. 将光标定位在一个单元格内，单击菜单"表格"→"插入"命令，在其下级菜单中选择"行"、"列"或"单元格"项，如图 1-36 所示，即可相应插入行、列和单元格。

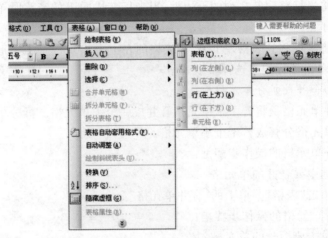

图 1-36 "插入"子菜单

2. 将光标定位到表格最后一行的最右边的回车符前，然后按一下回车键，即可在最下面插入一行单元格。

（四）删除行、列或单元格

要删除表格中的行、列或单元格，操作步骤如下：

1. 选中要删除的行、列或单元格。

2. 单击菜单"表格"→"删除"命令，弹出其子菜单，如图 1-37 所示。

3. 在子菜单中选择相应的命令即可。

（五）拆分表格

拆分表格是将一个表格分成两个独立的部分。其操作步骤如下：

1. 将光标移至要拆分处。

2. 单击"表格"菜单下的"拆分表格"命令，表格即被一分为二。

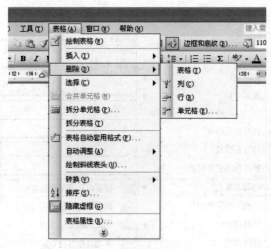

图 1-37　"删除"子菜单

三、设置表格

（一）使用"自动调整"设置表格

单击菜单"表格"→"自动调整"命令打开子菜单，如图 1-38 所示。"自动调整"子菜单下的各项内容的说明如下：

1."根据内容调整表格"：Word 会按每列中的文本内容的多少，以最适合的列宽显示。在修改表格内容时，会随文本内容的增减而自动调整列宽。

2."根据窗口调整表格"：Word 会按当前文档页面的设置大小来确定表格的宽度。在修改页面大小时，会随页面的改变而自动调整。

3."固定列宽"：表格固定列的宽度。在此方式下改变列宽，则需要进行人工调整。

4."平均分布各行"：Word 以选取中的若干行的平均值来确定行高。

5."平均分布各列"：Word 以选取中的若干列的平均值来确定列宽。

使用"自动调整"功能可以很方便地完成行高和列宽的调整，但不能调整表格在页面的位置。要调整表格在页面的位置，需使用表格属性设置。

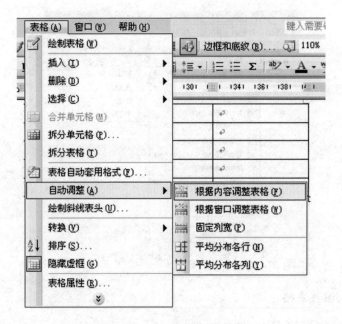

图 1-38　"自动调整"子菜单

（二）使用"表格属性"设置表格

将光标移至表格中的任意一个单元格中，然后单击菜单"表格"→"表格属性"命令，打开"表格属性"对话框，如图 1-39 所示。

在该对话框中单击"表格"标签打开"表格"选项卡，从中可以设置表格的一些属性：

1."尺寸"选项组：用于设置整个表格的宽度。设置时单击"指定宽度"复选框，然后在其后面的微调框中输入数值即可。

2."对齐方式"选项组：用于确定整个表格在水平方向的位置，分别有"左对齐"、"右对齐"和"居中对齐"三种方式。

3."文字环绕"选项组：用于设置表格与正文的环绕方式。选择"环绕"选项时，可以实现表格与正文混排的功能。此时，"定位"按钮会被激活，单击该按钮可以打开"表格定位"对话框，如图 1-40 所示，从中可以设置在"环绕"方式下表格与正文的位置。

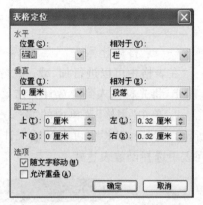

图 1-39　"表格属性"对话框　　　　图 1-40 "表格定位"对话框

4."边框与底纹"按钮：单击此按钮打开"边框和底纹"对话框，如图 1-41所示，可设置表格的边框和底纹。

图 1-41　"边框和底纹"对话框

在"表格属性"对话框，单击"行"、"列"或"单元格"标签打开各选项卡，可分别设置某行、某列或某个单元格的高度和宽度等内容。

四、表格数据的计算与排序

(一)表格的计算

在表格中可以进行加、减、乘、除运算。其操作步骤如下：

1. 将光标插入到要放计算结果的单元格中。

2. 单击"表格"菜单中的"公式"命令，弹出"公式"对话框，如图 1-42 所示。在"公式"栏中可直接输入计算公式，也可在"粘贴函数"框的下拉列表中选择函数表达式。

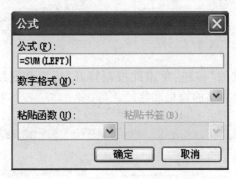

图 1-42 　 "公式"对话框

3. 单击"确定"按钮。

需要注意的是，"公式"框中"＝"是每个公式必须填入的；单元格中的数据以单元格名称表示，而不直接输入数据。单元格名称的表示方法是列号在前，行号在后，列号从字母 A 开始依次表示，行号用数字 1,2,3 依次表示。

(二)表格中数据的排序

排序的操作步骤如下：

1. 选中表格中需要排序的列。

2. 单击"表格"菜单中的"排序"命令，弹出"排序"对话框，如图 1-43 所示。

3. 在对话框中确定排序关键字、排序类型、升序降序、有无标题行等各项内容。

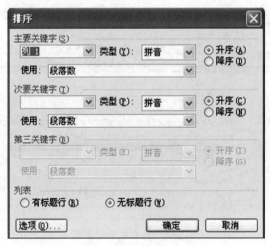

图 1-43　"排序"对话框

4. 单击"确定"按钮,完成排序。

第七节　版面设置与输出处理

编辑好一篇文档后,接下来的任务是设置它的版面并将它打印出来。

一、插入页眉和页脚

页眉和页脚是文档中的注释性文本或图形。它们通常设置在文档每一页的上页边区和下页边区,当然也可利用文本框将它们设置在文档中的任何位置。

插入页眉和页脚的具体操作步骤如下:

1. 将光标放到需要添加页眉和页脚的节中。

2. 单击"视图"菜单中的"页眉和页脚"命令,打开"页眉和页脚"工具栏,同时也会在文档的上方出现一个虚线框,如图 1-44 所示。

3. 在出现的页眉区输入并格式化文本。

4. 如果要创建一个页脚,可单击"在页眉和页脚间切换"按钮,然后重复步骤 3。

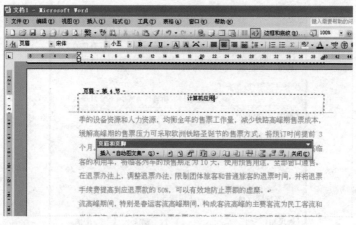

图 1-44　插入页眉和页脚

5. 如果想在页眉区或页脚区移动插入点，请按下【Tab】键迅速移到下一个制表位处。

6. 输入完毕后，单击"关闭"按钮，退出"页眉和页脚"工具栏。

二、插入页码

插入页码的方法有两种。

(一)使用"插入"菜单下的"页码"命令插入页码

操作步骤如下：

1. 将光标置于文档中。

2. 单击"插入"菜单下的"页码"命令，弹出如图 1-45 所示的"页码"对话框。

图 1-45　"页码"对话框

3. 在"位置"下拉列表中选择页码的位置。默认为"页面底端(页脚)"。

4. 在"对齐方式"下拉列表中选择页码的对齐方式。

5. "首页显示页码"复选框用来询问用户是否首页显示页码。

6. 单击"格式"按钮,弹出如图 1-46 所示的"页码格式"对话框。在对话框中可设置页码的数字格式、是否包含章节号、页码的编辑顺序等。

7. 设置完毕,单击"确定"按钮。

图 1-46　"页码格式"对话框

(二)用"视图"菜单下的"页眉和页脚"命令

单击"视图"菜单中的"页眉和页脚"命令,打开"页眉和页脚"工具栏,单击"插入自动图文集",在其子菜单中选择插入页码的样式。

三、页面设置

页面设置的操作步骤如下:

1. 将光标移至文档中,单击"文件"菜单下的"页面设置"命令,弹出"页面设置"对话框,如图 1-47 所示。

2. 在弹出的对话框中分别对"页边距"、"方向"及"纸张"等常用选项进行设置。如果进行较为复杂的设置,可以选择"版式"及"文档网格"选项卡。

3. 设置完毕,单击"确定"按钮。

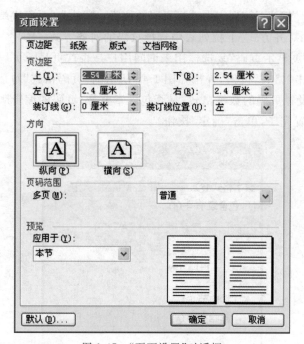

图 1-47　"页面设置"对话框

四、预览文档

在打印文档之前,可先预览一下文档,这样就可查看整个文档的结构,以便对文档版面不恰当的地方随时进行修改。在 Word 中,预览文档的方法有以下两种。

(一)页面视图预览

将文档切换到页面视图下,然后设置"常用"工具栏上的显示比例,在该显示方式下用户可以很清楚地看到文本将来打印好的整体效果。

(二)打印预览

单击"文件"菜单下的"打印预览"命令,或单击"常用"工具栏上的"打印预览"按钮,都可以进入到打印预览显示模式下。

在打印预览模式下,鼠标会变成一个放大镜的样子,此时用鼠标单击页面,即可将当前页以 100% 的方式显示出来,鼠标也由原来的带加号的放大镜样子变成带减号的样子,再次单击时即可恢复原状。此外,用户还可以选择"多页"的显示方式来预览文档。在预览模式下,单击工具栏上的"多页"按钮,系统将文档以多页显示在预览模式中。

　　在 Word 2003 中,除了用菜单或单击按钮进入打印预览模式外,还可使用快捷键【Ctrl＋F2】。

五、打印文档

　　在 Word 中打印文档,可以单独打印一页文档,也可以打印文件中间的几页文档,或是一起打印全部文档等。

　　(一)打印整篇文档

　　要打印整篇文档,可以通过以下几种方法来实现:

　　1. 直接单击"常用"工具栏下的"打印"按钮。

　　2. 单击"文件"菜单下的"打印"命令,在弹出的对话框中单击"确定"按钮即可。

　　3. 按下组合键【Ctrl＋P】,在弹出的"打印"对话框中,直接单击"确定"按钮。

　　(二)打印部分文档

　　当要打印文档中某几页时,单击"文件"菜单下的"打印"命令,在出现的"打印"对话框中,选择"页面范围"组合框下的"页码范围"选项,在该文本框内输入要打印的页码,如果是打印一页,直接输入该页的页码即可;如果打印的是连续的几页,只需要起始页与尾页之间加一个连字符(-)即可;如果打印的不是连续的页,则需要在两页之间加逗号(,)。

　　如果只想打印文档中的某一段或某图片时,先选中该段或图片,然后单击"文件"菜单下的"打印"命令,或按下组合键【Ctrl＋P】,在弹出的"打印"对话框中单击"页面范围"组合框下的"所选内容"选项,然后再单击"确定"按钮。

　　(三)打印多份文档

　　如果想同时打印多份文档,单击"文件"菜单下的"打印"命令,在弹出的"打印"对话框中的"副本"组合框下的"份数"数字框中输入或选择打印的份数,然后单击"确定"按钮即可。

第二章　中文电子表格 Excel 2003

中文 Excel 2003 是 Office 办公系列软件中的一个重要组成部分。本章介绍电子表格软件 Excel 2003 的使用方法。Excel 2003 是一个处理电子表格的软件,本章主要讲述 Excel 启动、退出、电子表格的常用函数应用、电子表格的打印、数据排序及筛选。

第一节　Excel 入门

Excel 是目前使用最多的一种电子表格软件,它能对数据进行处理、制表和绘图,而且还有智能化的数据管理和计算功能。

一、Excel 界面介绍

目前,Excel 2003 是 Windows XP 操作系统上很流行的一个版本,Excel 2003 的启动方法与我们前面学习的 Word 2003 的操作相似。当进入 Excel 2003 时,屏幕上会出现如图 2-1 所示的工作窗口。

(一)标题栏

显示工作簿文件名,"Book1"是 Excel 启动时为新文件自动建立的文件名。

(二)菜单栏

显示可选择的菜单选项,在每个下拉菜单中包括了若干选项以完成相关操作。

(三)工具栏

用图形按钮显示菜单命令项,使操作更加简便。一般情况下,出现"常用"和"格式"工具栏。

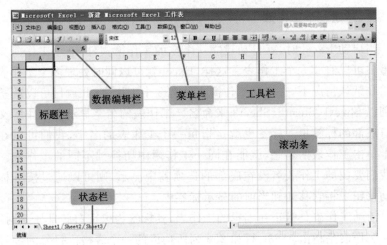

图 2-1　Excel 界面

（四）数据编辑栏

可以显示并编辑活动单元格中的常数或公式。

（五）状态栏

显示选中命令或操作的有关信息。

（六）滚动条

使用滚动条可以在长工作表中来回移动。

二、了解工作簿和工作表

当我们打开一个用 Excel 2003 创建的"2006 年工资统计表"文件时，里边存放着某单位每个人 1～12 月的工资表，且每月用一个表格表示，共有 12 个表格。在这里"2006 年工资统计表"文件被称为一个工作簿，每月工资表称为一个工作表。一个 Excel 工作簿又称为一个 Excel 文件，工作簿文件的扩展名是".xls"。

如果我们把一个工作簿看成是一个大账本，每一个工作表就好像是其中的一个账页，当我们打开账本时，就可以很方便地看到每一个账页并可以对每一个账页进行处理。

三、新建一个工作簿

当启动 Excel 时,就自动建立一个空的工作簿文件,一个工作簿文件内最多可以有 255 个工作表。这样,Excel 就可以同时处理多个工作表。

在默认情况下,一个新工作簿文件有 3 个工作表(此数目可以调整),分别以 Sheet1、Sheet2、Sheet3 来命名。工作表的名字显示在工作簿文件窗口底部的标签里。标签也就是指每一个工作表的名字,我们可以在标签上单击工作表的名字,就能在同一工作簿中切换到不同的工作表。如果我们要找的工作表名没在底部的选项签中显示,则可以通过按下标签滚动按钮来将它移动到当前的显示标签中。

活动工作表是指正在编辑的工作表,其标签为黑字白底且加下划线。

工作表是指由 65536 行和 256 列所构成的一个表格。行号的编号是自上而下从"1"到"65536"编号;列号则由左到右采用字母编号为"A"到"Ⅳ"。每一个行、列坐标所指定的位置称为单元格。对于每一张工作表会有 65536×256 个单元格。

在一个工作簿文件中,无论有多少个工作表,在将其保存时都将会保存在一个工作簿文件中,而不是按照工作表的个数保存。

每个工作表是由多个长方形的"存储单元"所构成的,这些长方形的"存储单元"被称为"单元格"。我们输入的任何数据都将保存在这些"单元格"中。这些数据可以是一个字符串、一组数字、一个公式或者一个图形、声音等等。

对于每个单元格都有其固定的地址,比如"A3"就代表了"A"列的第"3"行的单元格。同样,一个地址也唯一地表示一个单元格,例如"B5"指的是"B"列与第"5"行交叉位置上的单元格。

由于一个工作簿文件可能会有多个工作表,为了区分不同工作表的单元格,要在地址前面增加工作表名称。例如:Sheet2！A6,就说明了该单元格是"Sheet2"工作表中的"A6"单元格。工作表名与单元格之间必须使用"！"号来分隔。

活动单元格是指正在使用的单元格,新工作表的默认活动单元格地址为 Al,在其外有一个黑色的方框。活动单元格也称当前单元格,其地址会显示在地址栏中。可通过键盘上的上、下、左、右箭头按键改变活动单元格，地址栏中的地址会发生相应变化。也可以将鼠标指向目的单元格，然后单击鼠标左键就能指定一个活动单元格，如果目的单元格不在当前显示区域内，则需先通过滚动条使要指定的单元格显示出来，再用鼠标单击它就可以了。

　　通过如图 2-2 所示，可以更好地理解以上叙述。

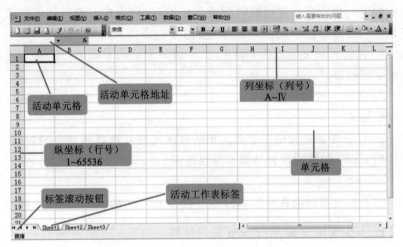

图 2-2　工作簿、工作表和单元格

　　如图 2-2 所示例中，工作簿文件中包括 Sheet1～Sheet3 三个工作表。活动工作表 Sheet1 的活动单元格是 A1。

　　单击常用工具栏上的"新建"按钮，就重新建立了一个工作簿，新工作簿的文件名为 Book2。如果不愿意用 Book1、Book2 这些名字，可以在保存工作簿文件时给它改名。

　　保存工作簿、关闭工作簿、打开工作簿、退出 Excel 2003 的方法与我们前面学习的 Word 2003 的操作相似，这里不再详述。

第二节　数据的输入、修改和选中

本节介绍在 Excel 2003 中数据的输入、修改和选中三部分内容。

一、数据输入到单元格中

可以向活动单元格中输入文字、日期、数字等数据。

数字的默认格式采用整数、小数形式,当其长度超过单元格宽度时,将自动使用科学计数法来表示,如想恢复默认格式,加大单元格宽度即可。

在输入过程中可能遇到单元格的内容超过了默认的宽度(Excel 启动后的单元格宽度),可以暂时不理会它们,我们将在后面讲述如何改变单元格的宽度。往单元格中输入内容时应注意以下问题:

1. 在输入数字组成的字符串时,一定要先输入单撇号"'",然后再输入数字字符串。

2. 在输入日期型数据时,一般先按"年/月/日"格式输入,然后再设置数据格式。

3. 对于相邻单元格中要输入相同数据或按某种规律变化的数据时,可使用 Excel 的智能填充功能实现快速输入。

4. 分数的输入方法:

输入假分数时应在整数部分和分数部分之间加一个空格,分数的分子与分母之间用/号隔开,表示它是假分数。如输入"1 1/2"表示 $1\frac{1}{2}$。

输入真分数时应在前面用 0 和一个空格引导,如输入"0 1/2"单元格显示"1/2",而编辑栏显示 0.5,表示二分之一数值。

二、修改单元格的内容

选中单元格,输入新的内容,就会删除原来输入的内容。如果不想删除原内容,在选中单元格后,在"编辑栏"上(或双击选中单元格)进行修改就可以了。

三、选中各种表格区域

在 Excel 中,所有的工作主要是围绕着工作表展开的。无论是在工作表中输入数据还是在使用大部分的 Excel 命令之前,都必须首先选中工作表单元格。

被选中的区域被一边框包围且呈反色显示,但起始单元格不做反色显示,单击工作区的任何位置,就取消了选中。

(一)选取一行或连续的多行

单击某一行的行号,就选中了这一行中的所有单元格。例如,单击第4行行号,可以选中第4行。在行号列按下鼠标左键拖动,可以选中连续的多行。

(二)选取一列或连续的多列

单击某一列的列标,就选中了这一列中的所有单元格。例如,单击B列的列标,可以选中B列。在列标行按下鼠标左键拖动,可以选中连续的多列。

(三)选中一组连续的区域

在图2-3所示工作表中,选中C1单元格到H7单元格的一块长方形区域。

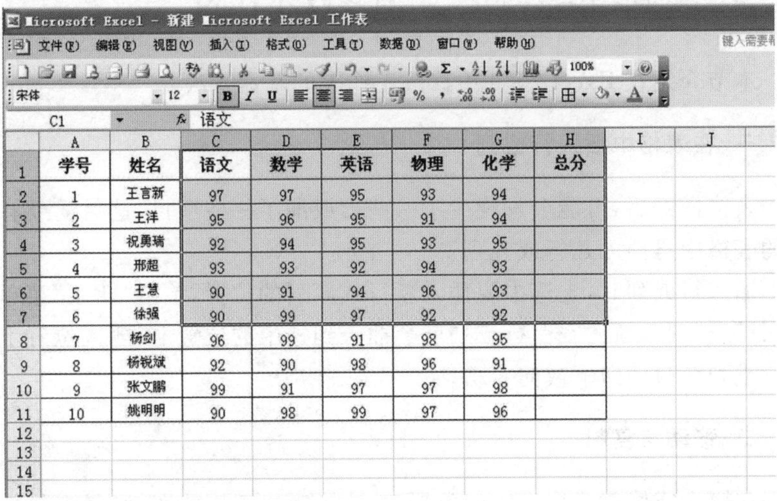

图2-3　选中一组连续的区域

1. 将鼠标指针移到单元格C1中。

2. 按下鼠标左键开始拖动,把鼠标指针拖动到H7单元格中时松开鼠标,就选中了以 C1 单元格和 H7 单元格为对角线的长方形区域,如图 2-3 所示。

(四)选中一组较大的连续区域

当要选中的区域很大时,拖动鼠标不容易找到结束位置,这时可以先单击该区域左上角的起始单元格,找到该区域右下角的终止单元格前,先按住键盘上的【Shift】键不松开,单击终止单元格,再松开【Shift】键。

(五)选取整个工作表

在每一张工作表的左上角,为行号列和列标行的交叉处,单击它可选中整个工作表。利用该功能选中整个工作表以对整个工作表做全局的修改,例如改变整个工作表的字符格式或者字体的大小等。

(六)选择不连续的区域

先选中第一个区域,再按【Ctrl】键同时选其他区域。

第三节　如何修改工作表

本节介绍在 Excel 2003 中修改工作表的基本方法。

一、在表格中插入行或列

表格做好后,可能会发现少了一些行或漏了一些项目,这就需要在做好的表格中再插入几行或几列。

插入行或列时,先选中要插入新行或新列的位置,单击"插入"菜单中的"行"或"列",新的空白行或列就会插入到选中的位置上,插入位置上的原行或列会自动向下或向右移动。

二、移动与复制

在输入或修改工作表中的数据时,为了提高工作效率,经常需要把已经输入了数据的一部分表格区域整个移动或复制到工作表的另一个位置。

(一)移动

【例 2-1】　在"期末成绩 . xls"工作簿 Sheet1 表中,把 C1 到 H11 单

元格之间的矩形区域右移一列,然后在 C1 单元格中输入"性别"。

1. 选中想要移动的单元格或单元格区域。本例选中以 C1 单元格和 H11 单元格为对角线的长方形区域。

2. 单击"剪切"按钮,选中区域被流动的边框线包围,如图 2-4 所示。

	A	B	C	D	E	F	G	H
			语文					
1	学号	姓名	语文	数学	英语	物理	化学	总分
2	1	王言新	97	97	95	93	94	
3	2	王洋	95	96	95	91	94	
4	3	祝勇瑞	92	94	95	93	95	
5	4	邢超	93	93	92	94	93	
6	5	王慧	90	91	94	96	93	
7	6	徐强	90	99	97	92	92	
8	7	杨剑	96	99	91	98	95	
9	8	杨锐斌	92	90	98	96	91	
10	9	张文鹏	99	91	97	97	98	
11	10	姚明明	90	98	99	97	96	

图 2-4　单击"剪贴"按钮

3. 单击想要移动的目的区域左上角的单元格 D1。

4. 单击工具栏上的"粘贴"按钮,选中的区域被移动到新的位置,如图 2-5 所示。

	A	B	C	D	E	F	G	H	I
				语文					
1	学号	姓名		语文	数学	英语	物理	化学	总分
2	1	王言新		97	97	95	93	94	
3	2	王洋		95	96	95	91	94	
4	3	祝勇瑞		92	94	95	93	95	
5	4	邢超		93	93	92	94	93	
6	5	王慧		90	91	94	96	93	
7	6	徐强		90	99	97	92	92	
8	7	杨剑		96	99	91	98	95	
9	8	杨锐斌		92	90	98	96	91	
10	9	张文鹏		99	91	97	97	98	
11	10	姚明明		90	98	99	97	96	

图 2-5　单击"粘贴"按钮

5. 在 C1 单元格中输入"性别",然后输入各位学生的性别信息,如图 2-6 所示。

	A	B	C	D	E	F	G	H	I
1	学号	姓名	性别	语文	数学	英语	物理	化学	总分
2	1	王言新	男	97	97	95	93	94	
3	2	王洋	女	95	96	95	91	94	
4	3	祝勇瑞	男	92	94	95	93	95	
5	4	邢超	男	93	93	92	94	93	
6	5	王慧	女	90	91	94	96	93	
7	6	徐强	男	90	99	97	92	92	
8	7	杨剑	男	96	99	91	98	95	
9	8	杨锐斌	男	92	90	98	96	91	
10	9	张文鹏	男	99	91	97	97	98	
11	10	姚明明	女	90	98	99	97	96	

图 2-6　输入"性别"列信息

如果移动的距离不远,也可以用鼠标拖动的方法快速移动。

首先,选中想要移动的数据区域。然后把鼠标指针移到选中区域的边框上,当指针由空心加号变为空心箭头时,按下左键拖动鼠标,拖到新位置后松开左键,选中区域的内容就被移动到新位置了。

(二)复制

【例 2-2】　将"期末成绩.xls"工作簿 Sheet1 表中"姓名"列的内容,复制到 C 列。

1. 选中要复制的表格区域。

2. 单击常用工具栏上的"复制"按钮,需要复制的区域被流动的边框线包围。

3. 单击想要复制的目的区域中的起始单元格 C1。

4. 单击"粘贴"按钮,选中区域中的内容被复制到新的位置上,如图 2-7 所示。

5. 单击常用工具栏上的"撤消"按钮,撤消上一步的操作,工作表还原为复制前的样子,如图 2-6 所示。

如果复制的距离不远,也可以用【Ctrl】键结合鼠标拖动的方法快速复制。

K15		✗ ✓ ƒ×							
	A	B	C	D	E	F	G	H	I
1	学号	姓名	姓名	语文	数学	英语	物理	化学	总分
2	1	王言新	王言新	97	97	95	93	94	
3	2	王洋	王洋	95	96	95	91	94	
4	3	祝勇瑞	祝勇瑞	92	94	95	93	95	
5	4	邢超	邢超	93	93	92	94	93	
6	5	王慧	王慧	90	91	94	96	93	
7	6	徐强	徐强	90	99	97	92	92	
8	7	杨剑	杨剑	96	99	91	98	95	
9	8	杨锐斌	杨锐斌	92	90	98	96	91	
10	9	张文鹏	张文鹏	99	91	97	97	98	
11	10	姚明明	姚明明	90	98	99	97	96	

图 2-7　"姓名"列复制完成

三、利用填充柄快速填充数据

对于一些相同的数据或有着特定变化规律的数据,如星期、月份、学生学号等,可以通过使用 Excel 中的"自动填充"功能,免去一个单元格一个单元格逐一输入的繁琐。

当我们在表格中选中了一个区域后,在选中区域边框的右下角有一个黑色的小方块,称为填充柄。移动鼠标针,当指针接触到填充柄时,就变成一个黑色加号,如图 2-8 所示。

图 2-8　填充柄

【例 2-3】　在"期末成绩.xls"工作簿 Sheet1 表中,用填充方式输入"性别"列的数据。

1. 在 C2 单元格中输入"女"。

2. 把鼠标指针移到 C2 的填充柄上,鼠标指针变成实心加号。

3. 按下左键,向下拖动鼠标到 C4 单元格。

4. 松开左键,从 C2 到 C4 的单元格都被填充了相同的内容。

【例 2-4】 在"期末成绩 . xls"工作簿 Sheet1 表中,用填充方式输入"学号"列的数据。

1. 在 A2 单元格中输入" ' 97460885",在 A3 单元格中输入" '97460886"。

2. 选中相邻的 A1、A2 两个单元格,它们成为填充数据的初始区域。把鼠标指针移到 A2 的填充柄上,鼠标指针变成实心加号。

3. 按下左键,向下拖动鼠标到 A7 单元格。

4. 松开左键,从 A2 到 A7 的单元格中,被依次填上了 97460885,97460886,97460887,…,97460890。

利用拖动填充柄的方法,在连续的单元格中填充一串有规律变化的数据时,Excel 首先从初始区域的一个或两个单元格中确定数据变化的规律,然后按此规律在其后的单元格中填充数据。

表 2-1 为一些数据类型及其相对应的填充数据的示例。

表 2-1　数据类型及其填充规律

数据类型	初始选中区域	填充数值
数字	10、15	20、25、30、35……
月份	一月	二月、三月、四月、五月……
日期	7/15/99	7/16/99、7/17/99、7/18/99……
序数	第一学期	第二学期、第三学期、第四学期……
	1 班	2 班、3 班、4 班……

四、查找和替换

通过查找功能可以迅速在工作表中找到需要的内容,而替换功能则可以对工作表中多次出现的同一内容进行修改,使我们减少了很多重复性工作。

查找或替换通常是在整个工作表的范围内进行的,但也可以只在工作表的某个区域内查找,此时要先选中区域。

五、"撤消"工具

实际上机时,常常有一些误操作,如删除了不该删除的内容等,只要还没有执行"保存"操作,就可以单击常用工具中的"撤消"按钮撤消最近的操作,恢复到误操作之前的状态。

如果我们要撤消最近的一步操作,只要单击按钮就行了。如果要撤消最近的几步操作,就要单击"撤消"按钮右边的倒三角按钮,打开可以撤消的最近几步操作的列表,如图 2-9 所示,从中选中要撤消的几步操作,然后单击就行了。图中选中的是撤消最后 2 步操作。

单击常用工具栏的"恢复"按钮,可以恢复被撤消的操作。

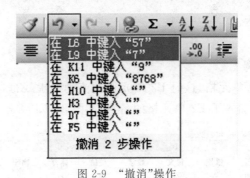

图 2-9　"撤消"操作

第四节　公式和常用函数

本节介绍如何在 Excel 2003 中使用公式和函数。

一、公式的格式

Excel 2003 的公式以等号"="开始,等号后面是运算对象(称为参数)和运算符。参数可以是数据、单元格或区域的名称、函数、文字等,运算符必须在英文输入状态下输入。

【例 2-5】　计算"期末成绩.xls"工作簿 Sheet1 表中王燕同学的"总分"。

总分＝语文＋数学＋英语＋体育＋物理＋化学

1. 单击 J2 单元格,然后单击编辑栏,这时,插入点光标"｜"在编辑栏中闪烁。

2. 输入等号"＝",准备输入公式。

3. 单击 D2 单元格,这时 D2 单元格被流动的虚线框起来,并且在编辑栏的公式中有了 D2 单元格的名字,如图 2-10 所示。

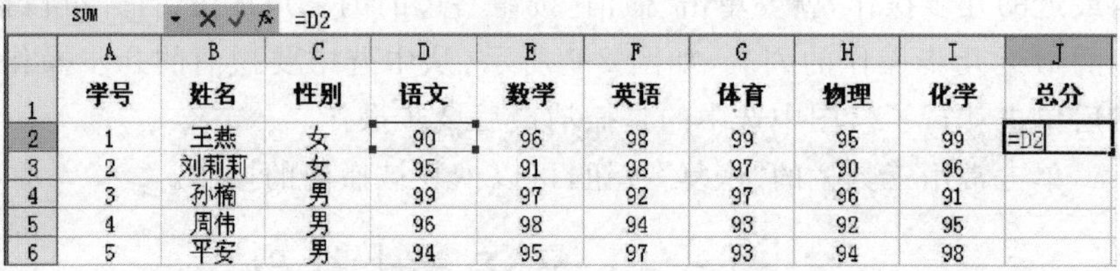

	A	B	C	D	E	F	G	H	I	J
1	学号	姓名	性别	语文	数学	英语	体育	物理	化学	总分
2	1	王燕	女	90	96	98	99	95	99	=D2
3	2	刘莉莉	女	95	91	98	97	90	96	
4	3	孙楠	男	99	97	92	97	96	91	
5	4	周伟	男	96	98	94	93	92	95	
6	5	平安	男	94	95	97	93	94	98	

图 2-10　确定 D2 单元格地址

4. 输入加号"＋"。

5. 单击 E2 单元格,这时 E2 单元格被流动的虚线框起来,并且在编辑栏的公式中,加入了 E2 单元格的名字,如图 2-11 所示。

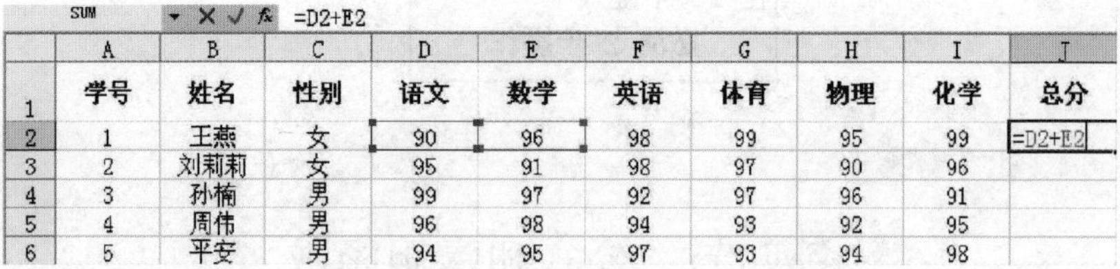

	A	B	C	D	E	F	G	H	I	J
1	学号	姓名	性别	语文	数学	英语	体育	物理	化学	总分
2	1	王燕	女	90	96	98	99	95	99	=D2+E2
3	2	刘莉莉	女	95	91	98	97	90	96	
4	3	孙楠	男	99	97	92	97	96	91	
5	4	周伟	男	96	98	94	93	92	95	
6	5	平安	男	94	95	97	93	94	98	

图 2-11　确定 E2 单元格

6. 输入加号"＋",重复这个过程,直至 I2 单元格的名字加入了编辑栏的公式。

现在我们已经完成了公式"＝D2＋E2＋F2＋G2＋H2＋I2"的输入,这时,应检查一下编辑栏中的公式是否正确。确认无误后单击编辑栏上的"确认"按钮,在 J2 单元格中就显示出计算结果,在编辑栏中仍然显示公式,如图 2-12 所示。

在【例 2-5】中,我们是用鼠标输入公式中单元格的名字,这样做比较直观和准确。我们也可以用键盘在编辑栏中直接输入"＝D2＋E2＋F2＋

G2＋H2＋I2"这个完整公式。

	A	B	C	D	E	F	G	H	I	J
										J2 ▼ ƒx =D2+E2+F2+G2+H2+I2
1	学号	姓名	性别	语文	数学	英语	体育	物理	化学	总分
2	1	王燕	女	90	96	98	99	95	99	577
3	2	刘莉莉	女	95	91	98	97	90	96	
4	3	孙楠	男	99	97	92	97	96	91	
5	4	周伟	男	96	98	94	93	92	95	
6	5	平安	男	94	95	97	93	94	98	

图 2-12　公式输入完毕的数据结果

现在,我们只计算出了一个同学的成绩,如果像这样一个一个地计算出所有同学的成绩,那就太麻烦了。我们是否可以选择一种简单的方法呢?

因为表格中所有同学的"总分"都是使用相同格式的公式计算的,所以,我们可以用拖动填充柄的办法,完成所有同学"总分"的计算。

【例 2-6】　计算"期末成绩.xls"工作簿 Sheet1 表中所有同学的"总分"。

1. 选中 J2 单元格。这个单元格中的公式是我们在【例 2-5】中输入的。

2. 将鼠标指针移到 J2 单元格的填充柄上,然后按住鼠标左键向下拖动,一直拖动到 J6 单元格松开左键。

3. 松开左键,从 J2 到 J6 的单元格都被填充上了计算结果,一下子就完成了所有同学"总分"的计算。

现在我们来检验一下,单击 J6 单元格,在编辑栏中显示 J6 单元格中的公式为"＝D6＋E6＋F6＋G6＋H6＋I6",与 J2 单元格中的公式是相似的,只是其中单元格的名字随着引用位置的不同而改变了。

公式中的 D6、E6、F6、G6、H6、I6 称为参数,也就是说,在拖动填充柄填充公式的过程中,公式格式没有发生变化,只是其中的参数改变了。

二、运算符和运算次序

(一)算术运算符

对算术运算大家都很熟悉,没有什么可说的。需要注意的是,有几个运算符号和我们数学书上的不一样,算术运算符的表示方法如下:

＋　加号;

　　— 减号(出现在数字之前则为负号,如—1);

　　* 乘号;

　　/ 除号;

　　% 百分号(置于数字之后,如 20%);

　　^ 指数符号。

　　例如,"=20^2*15%"这个公式,先把 20 平方,再乘上 0.15,结果是 60。

　　(二)比较运算符

　　比较运算符用于比较两个数据的大小,运算结果为"是"(TRUE)或者"非"(FALSE),比较运算符的表示方法如下:

　　= 等于号;

　　> 大于号;

　　< 小于号;

　　>= 大于等于号;

　　<= 小于等于号;

　　<> 不等于号。

　　例如:如果 A1 单元格中的值小于 25,则"=A1<=25"这个公式的运算结果是 TRUE(是);否则是 FALSE(非)。

　　(三)文本运算符

　　文本运算符只有一个"&",它的作用是把两串文字或符号连接在一起。

　　例如:如果 A1 单元格中的值是"第一学期",则=A1&"语文成绩"这个公式的运算结果是"第一学期语文成绩"。

　　(四)运算符号的运算次序

　　如果一个公式中包含了好几个运算符,则按以下次序进行计算:

　　— 负号;

　　% 百分比;

　　^ 指数;

　　*、/ 乘和除;

　　+、— 加和减;

&　连接文本；

＝、＜、＞、＜＝、＞＝、＜＞　比较符号。

如果在公式中出现了表示引用位置的符号(将在下面介绍)，它的优先级高于其他运算符号。

如果在公式中含有相同优先级的运算符号，则按照从左到右的次序执行这些运算。如果要改变运算的先后次序，可以用括号把公式中的表达式括起来，括号内的部分先计算。

例如："＝3＋2＊6"的运算结果为 15，而"＝(3＋2)＊6"的运算结果为 30。

三、公式中使用单元格或区域

在"期末成绩.xls"工作簿的 Sheet1 表中，单元格 J2(王燕的总分)的计算公式是"＝D2＋E2＋F2＋G2＋H2＋I2"，其中，"D2"、"E2"、"F2"、"G2"、"H2"、"I2"是引用位置参数。

除了可以把单元格作为位置参数外，还可以把表格中的某一区域作为位置参数。

(一)引用位置符号

在公式中引用表格区域，首先要学会使用指定区域位置的符号。最常用的指定区域位置的符号是":"和","。我们通过例子来说明这两个符号的用法。

"B2:C4"所指定的是以 B2、C4 单元格为对角线的长方形区域，它包括 B2、B3、B4、C2、C3、C4 共 6 个单元格。

"B2,C4"所指定的区域包括 B2、C4 两个单元格。

"B2:C4,D6"指定的区域包括 B2、B3、B4、C2、C3、C4 与 D6 这 7 个单元格。

":"和","这两个引用位置符号在公式中经常用到。例如计算 C6、C7、C8、C9、C10、D10 这几个单元格数值之和的公式，可以写成"＝SUM(C6:C10,D10)"。SUM 是求和函数，我们在后面会学到。

(二)巧用符号 $

【例 2-7】　在"期末成绩.xls"工作簿 Sheet1 表中，给 K1、L1、L2 单

元格分别输入"失分"、"满分"、"600",如图 2-13 所示。在"失分"列中,计算"满分"600 与"总分"的差。其中:失分＝满分－总分。

大家注意,"满分"的值只保存在 L2 这一个单元格中。

	A	B	C	D	E	F	G	H	I	J	K	L
1	学号	姓名	性别	语文	数学	英语	体育	物理	化学	总分	失分	满分
2	1	王燕	女	90	96	98	99		95	99	577		600
3	2	刘莉莉	女	95	91	98	97	90	96	567		
4	3	孙楠	男	99	97	92	97	96	91	572		
5	4	周伟	男	96	98	94	93	92	95	568		
6	5	平安	男	94	95	97	93	94	98	571		

图 2-13　准备计算"失分"

1. 单击 K2 单元格,使 K2 成为当前单元格。再单击编辑栏,输入公式"＝L2－J2"。

2. 在公式"L"和"2"前面,分别输入符号"＄"。这时,编辑栏中的公式变成"＝＄L＄2－J2",如图 2-14 所示。

	A	B	C	D	E	F	G	H	I	J	K	L
1	学号	姓名	性别	语文	数学	英语	体育	物理	化学	总分	失分	满分
2	1	王燕	女	90	96	98	99	95	99	577	=L2-J2	600
3	2	刘莉莉	女	95	91	98	97	90	96	567		
4	3	孙楠	男	99	97	92	97	96	91	572		
5	4	周伟	男	96	98	94	93	92	95	568		
6	5	平安	男	94	95	97	93	94	98	571		

图 2-14　公式中的绝对地址

3. 拖动 K2 单元格的填充柄,一直拖到 K6 单元格。

4. 松开左键,这 5 个同学的"失分"就都计算出来了。

现在我们来看一看符号＄的用途。单击 K6 单元格,再单击编辑栏,如图 2-15 所示,编辑栏中的公式为"＝＄L＄2－J6"。在拖动填充柄填充公式的过程中,公式中的前一个参数没变化,而后一个参数改变了。

	A	B	C	D	E	F	G	H	I	J	K	L
1	学号	姓名	性别	语文	数学	英语	体育	物理	化学	总分	失分	满分
2	1	王燕	女	90	96	98	99	95	99	577	23	600
3	2	刘莉莉	女	95	91	98	97	90	96	567	33	
4	3	孙楠	男	99	97	92	97	96	91	572	28	
5	4	周伟	男	96	98	94	93	92	95	568	32	
6	5	平安	男	94	95	97	93	94	98	571	29	

图 2-15　填充公式中的绝对地址不变

在拖动填充柄填充公式的过程中,"＄"后面的字符或数字保持不变,这就是"＄"的作用。

在公式"＝＄L＄2－J2"中,参数＄L＄2称为对L2单元格的绝对引用,而参数J2称为对J2单元格的相对引用。在这个公式中,实际上"L"前面不加"＄",L也不会变化,因此第一个参数也可以写成L＄2,这种写法称为对L2单元格的混合使用。

（三）三维地址引用

在一个工作簿文件中从不同的工作表引用单元格即为三维引用。三维引用的一般格式为:工作表名! 单元格地址。如果要引用的是当前工作表中的单元格,无需在单元格地址前加工作表名。例如我们在第二张工作表的"B2"单元格输入公式"＝sheet1! A1＋A2",则表明要引用工作表"Sheet1"中的单元格"A1"和工作表"Sheet2"中的单元格"A2"相加,结果放到工作表 Sheet2 中的"B2"单元格。

（四）错误值提示

当 Excel 2003 不能正确计算某个单元格中的公式时,便会在那个单元格中显示一个错误值提示。

例如,我们在 C1 单元格中输入公式"＝8/0",单击"√"按钮后,C1 单元格中会出现"＃DIV/0!",提示我们在除法运算中除数不能为零。

错误值都是以符号"＃"开头,见表2-2。

表2-2　Excel 公式错误情况表

错误值	不能正确计算公式的原因
＃DIV/0!	除数为零
＃N/A	引用了当前不能使用的值
＃NAME?	引用了 Excel 不能识别的名字
＃NULL!	指定了无效的"空"内容
＃NUM!	使用数字的方法不正确
＃REF!	引用了无效的单元格
＃VALUE!	使用不正确的参数或运算对象
＃＃＃＃＃	运算结果太长,应增加列宽

四、使用函数进行计算

函数是一种预先写好的公式,它可以对一个或多个数值进行运算,得到一个运算结果。例如,可用公式"＝SUM(A2∶A6)"代替公式"＝A2＋A3＋A4＋A5＋A6"。其中"SUM(A2∶A6)"就是一个函数,SUM 是函数名,A2∶A6 是参数。

求和函数 SUM 是最常用的一个函数。常用工具栏上有一个"自动求和"按钮"∑"。单击"∑"按钮,则自动把当前单元格的上侧或左侧单元格中的数据统统加起来,并将最终结果存放在当前单元格中。

【例 2-8】　用常用工具栏上的"∑"按钮,求"期末成绩.xls"工作簿 Sheet1 表中王燕同学的各门课程分数之和——"总分"。

1. 选中放置求和结果的单元格 J2。

2. 单击常用工具栏上的"自动求和"按钮"∑",D2～I2 共 6 个单元格立即被流动的虚线框起来,如图 2-16 所示。

	A	B	C	D	E	F	G	H	I	J	K	L
	学号	姓名	性别	语文	数学	英语	体育	物理	化学	总分		
1												
2	1	王燕	女	90	96	98	93	95	93	=SUM(D2:I2)		
3	2	刘莉莉	女	95	91	98	97	90	96			
4	3	孙楠	男	99	97	92	97	96	91			
5	4	周伟	男	96	98	94	93	92	95			
6	5	平安	男	94	95	97	93	94	98			

图 2-16　使用"自动求和"

3. 单击编辑栏上的确认按钮"√",便将 D2～I2 单元格中的数值加在一起,并将结果自动填入到 J2。

我们也可以先选中求和区域,再单击求和按钮求和。

【例 2-9】　用常用工具栏上的"∑"按钮,求"期末成绩.xls"工作簿 Sheet1 表中刘莉莉同学的各门课程分数之和——"总分"。

步骤 1 先选中求和区域 D3∶I3。

步骤 2 单击求和按钮"∑",在 J3 单元格就得到了求和结果。

如果不使用 Excel 默认的求和区域,可修改求和公式中的区域参数。

【例 2-10】　在"期末成绩.xls"工作簿 Sheet1 表中,求王燕同学除"体育"外的各门课程分数之和,将结果存于"总分"中。

1. 单击 J2，选中放置求和结果的单元格。再单击求和按钮"∑"，Excel默认的求和区域"D2:I2"被流动的线框起来。

2. 用鼠标拖动选中 D2:F2，再用左手按住键盘上的【Ctrl】键，用鼠标拖动选中 H2:I2，如图 2-17 所示。编辑栏中的求和公式被改变了。

3. 按回车键确认求和公式，即可在 J2 单元格中得到结果。

	A	B	C	D	E	F	G	H	I	J	K	L
1	学号	姓名	性别	语文	数学	英语	体育	物理	化学	总分		
2	1	王燕	女	90	96	98	99	95	99	=SUM(D2:F2,H2:I2)		
3	2	刘莉莉	女	95	91	98	97	90	96	SUM(number1, [number2], ...)		
4	3	孙楠	男	99	97	92	97	96	91			
5	4	周伟	男	96	98	94	93	92	95			
6	5	平安	男	94	95	97	93	94	98			

图 2-17 求不连续单元格数据的和

在日常生活中我们还经常使用到以下几个函数：

1. AVERAGE(A1,A2,…)

功能：求各参数的平均值。A1,A2 等参数可以是数值或含有数值的单元格的引用。

2. MAX(A1,A2,…)

功能：求各参数中最大值。

3. MIN(A1,A2,…)

功能：求各参数中的最小值。

4. COUNT(A1,A2,…)

功能：求各参数中数值型数据的个数。参数的类型不限。

5. ROUND(A1,A2)

功能：根据 A2 对数值项 A1 进行四舍五入。

A2>0 表示舍入到 A2 位小数，即保留 A2 位小数。

A2=0 表示保留整数。

A2<0 表示从整数的个位开始向左对第 K 位进行舍入，其中 K 是A2 的绝对值。

如：ROUND(136.725,1)的结果为 136.7，ROUND(136.725,2)的结果为 136.73，

ROUND(136.725,0)的结果为 137，ROUND(136.725,−1)的结果

为 140，

ROUND(136.725，－2)的结果为 100，ROUND(136.725，－3)的结果为 0。

6. INT(A1)

功能：取不大于 A1 的最大整数。

如：INT(12.23)的结果为 12，INT(－12.23)的结果为－13。

7. IF(P,T,F)

其中 P 是能产生逻辑值(TRUE 或 FALSE)的表达式，T,F 是表达式。

功能：若 P 为真(TRUE)，则取 T 表达式的值，否则，取 F 表达式的值。

如：IF(6＞5,10,－10)的结果为 10。

IF 可以嵌套使用，最多可以嵌套 7 层。

第五节　格式编排

本节介绍如何调整 Excel 2003 中工作表的格式。把数据输入到工作表中之后，我们可以进一步改变工作表中数据的字体、字号、颜色和对齐方式，还可以对表格做一些修饰，使我们的工作表更漂亮。

一、设置字体

常用的中文字体有：宋体、黑体、楷体、仿宋体、隶书等，我们可以根据需要选择工作表中数据的字体。Excel 对文字默认使用的是宋体字，对英文及数字默认使用的是 TimesNewRoman 体。

【例 2-11】　改变"期末成绩．xls"工作簿 Sheet1 工作表中 D1、E1、F1、G1、H1、I1 单元格中文字的字体，使之成为楷体。

1. 选中 D1:I1 单元格区域。

2. 单击格式工具栏中"字体"框右侧的倒三角，弹出"字体"列表框，如图 2-18 所示。

3. 在"字体"列表框中单击"楷体_GB2312"，这时选中区域中的文字就变成楷体了。

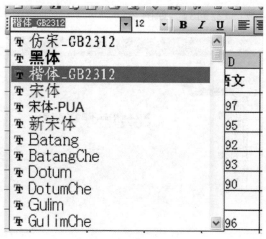

图 2-18　"字体"列表框

二、设置字号

字的大小是用字号来表示的，在 Excel 2003 中，字号越大字越大。Excel 2003 默认使用的是 12 号字。

三、设置数字的格式

Excel 可以用多种格式显示数字，如整数、小数、百分比、分数、日期或时间格式等，表 2-3 是数字 1.75 的几种不同格式。

表 2-3　数字 1.75 的几种格式

格式	小数	百分比	分数	货币	科学记数法
数值	1.75	175%	1 3/4	￥1.75	1.75E＋00

【例 2-12】　把单元格中的数字 1.007 5 以分数的形式显示。

1. 选中要改变数字格式的单元格，单击菜单栏上的"格式"菜单项。

2. 单击"格式"菜单中的"单元格"命令项，出现"单元格格式"对话框，如图 2-19 所示。

3. 单击"数字"选项卡，在"分类"框中选择"分数"，在"类型"框中选择"分母为三位数(312/943)",如图 2-20 所示。

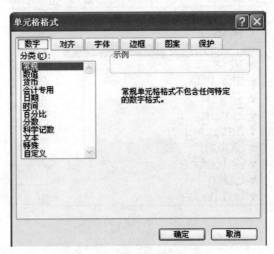

图 2-19　"单元格格式"对话框

图 2-20　"数字"选项卡

　　4. 单击"确定"按钮,单元格中的数字以分数形式显示,如图 2-21 所示。图 2-21 中"1 3/400"表示横写的"$1\frac{3}{400}$"。

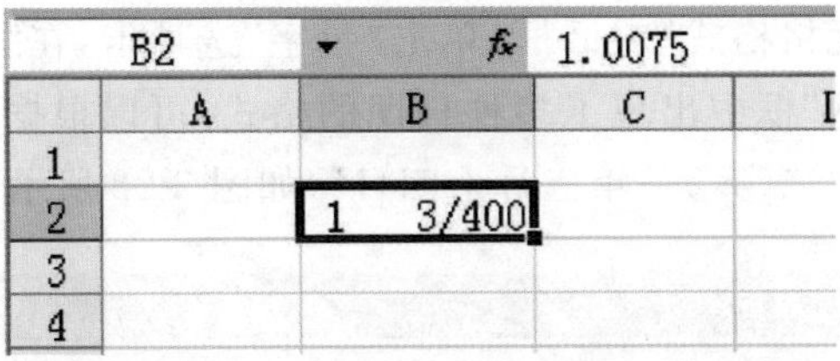

图 2-21　将数字改为分数形式

　　在一个单元格中输入一个邮政编码,如 010020。结果您会发现单元格中显示的是 10020,少了一个数字。怎样才能显示正确结果呢?

　　对于一些特殊的数字字符,如邮政编码、电话号码等,输入时要按下面的方法进行。

　　【例 2-13】　输入一个邮政编码 010020,使它能正确显示。

　　1. 选中要输入邮政编码的单元格。

　　2. 单击菜单栏上的"格式"菜单,再单击"格式"菜单中的"单元格"命令,出现"单元格格式"对话框。

　　3. 在"单元格格式"对话框中,单击"数字"选项卡"分类"框中单击"特殊"选项,在"类型"框中单击"邮政编码",再单击"确定"按钮。

　　4. 在单击格中输入邮政编码,现在的显示就正确了。

　　日期和时间也有很多格式供我们选择,见表 2-4。

表 2-4　时间和日期格式

1999-12-25	19:30
一九九九年十二月二十五日	19 时 30 分 00 秒
1999 年 12 月 25 日	下午 7 时 30 分 00 秒
1999/12/25	下午七时三十分
25-Dec-99	7:30 pm

　　【例 2-14】　把日期值"1999-12-25"显示成"一九九九年十二月二十五日"的形式。

　　1. 在某单元格中输入"99/12/25",确认后数据会变为"1999-12-25"。

　　2. 单击菜单栏上的"格式"菜单项,再单击"格式"菜单中的"单元格"

命令,出现"单元格格式"对话框,单击"数字"选项卡,在"分类"框中单击"日期",在"类型"框中出现了多种日期的格式,可以根据需要进行选择。在本例中,单击"二〇〇一年三月十四日",如图 2-22 所示。

图 2-22　设置日期格式

3. 单击"确定"按钮,单元格的日期就变成了需要的格式。

四、设置表格的对齐方式

在工作表中输入数据时,数字在单元格中自动靠右对齐,文字在单元格中自动靠左对齐,逻辑值和错误值自动居中。格式工具栏上有 3 个对齐方式按钮,如图 2-23 所示。

图 2-23　对齐方式按钮

单击对齐方式按钮,可以改变选中区域中数据的对齐方式。

这几个按钮都是在水平方向设置单元格中数据的对齐方式,要改变数据在单元格垂直方向的位置,可以利用单元格格式进行操作。

例如,把某表格第二行中数据改为垂直居中方式。

1. 选中要设置的区域 A2：I2。

2. 单击菜单栏上的"格式"菜单，再单击"格式"菜单中的"单元格"命令，出现"单元格格式"对话框，再单击"对齐"选项卡，出现如图 2-24 所示的对话框。

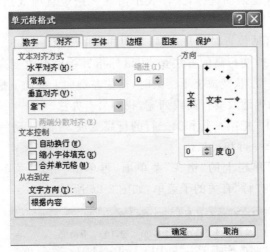

图 2-24　"单元格格式"对话框中的"对齐"选项卡

3. 在"垂直对齐"列表框中选中"居中"，再单击"确定"按钮，选中区域中单元格中的数据就都垂直居中放置了，如图 2-25 所示。

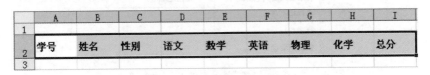

图 2-25　垂直居中的数据

五、改变单元格的高度和宽度

我们前面使用的工作表中，各列的宽度和各行的高度都是一样的。实际生活中，很少有表格是这个样子的。我们应该根据实际情况，适当地调整列的宽度和行的高度。

【例 2-15】　改变"期末成绩.xls"工作簿 Sheet1 工作表中 A 列的宽

度,使之变窄。

1. 把鼠标指针移动到 A 列列标右侧的边线上,鼠标指针变成左右双箭头。

2. 按下左键拖动鼠标,工作表中出现一条竖直虚线指示此刻列宽,同时提示框中随时显示此刻列宽值。

3. 拖到合适位置时松开左键,A 列的宽度变窄了。

拖动鼠标改变行高的方法是:用鼠标指针接触要改变高度的行号的下边线,当指针形状变成上下箭头时,按住左键向上或向下拖动。

如果要精确地改变行高或列宽,我们另有办法。

【例 2-16】 把第一行和第二行的行高变成 24 磅(1 磅=3.5 mm)。

1. 选中第一行和第二行。

2. 单击菜单栏上的"格式"菜单项,再单击"格式"菜单中的"行"命令,弹出一个与"行"有关的子菜单,如图 2-26 所示。

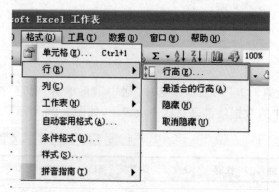

图 2-26"格式"菜单中的"行"命令项

3. 单击子菜单中的"行高",出现"行高"对话框,在其中的"行高"框中输入数字"24",如图 2-27 所示。

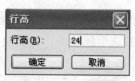

图 2-27 "行高"对话框

4. 单击"确定"按钮,行高就被改变了。

六、条件格式

条件格式可以在很大程度上改进电子表格的设计和可读性,允许指定多个条件来确定单元格的行为,根据单元格的内容自动地应用单元格的格式。可以设定多个条件,但 Excel 只会应用一个条件所对应的格式,即按顺序测试条件,如果该单元格满足某条件,则应用相应的格式规则,而忽略其他条件测试。

在使用条件格式时,首先选择要应用条件格式的单元格或单元格区域,然后单击菜单"格式"→"条件格式",出现如图 2-28 所示的"条件格式"对话框。

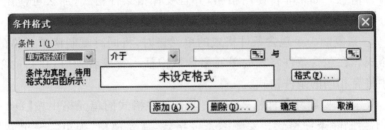

图 2-28 "条件格式"对话框 1

在 Excel 2003 及以前的版本中,条件格式最多只能设置三个条件。

选择"单元格数值"时的条件格式对话框,此时,若在第一个组合框中选择"单元格数值",则右侧的组合框中将提供"介于"、"未介于"、"等于"、"不等于"、"大于"、"小于"、"大于或等于"、"小于或等于"等选项,并且在其右侧的输入框中可以输入相应的数值,也可以选择工作表中的单元格。然后,单击"格式"按钮,设置当条件为真时所应用的格式。其中,选择"介于"时,包括设置的最大值和最小值;而选择"未介于"时,不包括设置的最大值和最小值。若在第一个组合框中选择"公式",则"条件格式"对话框如图 2-29 所示。

此时,可在右侧的输入框中输入公式或者选择含有公式的单元格。注意,公式的值必须返回 True 或 False。当公式返回 True 时,将应用条件格式;否则,不会应用设定的格式。这也从另一个侧面可以看出,对

Excel 公式与函数掌握的熟练程度,有助于灵活运用条件格式。

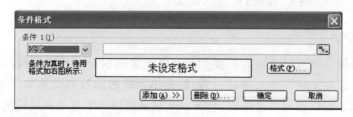

图 2-29 "条件格式"对话框 2

关于条件格式,请注意下面的几点:

1. 复制单元格并将其粘贴到包含条件格式的单元格或者单元格区域中,将会删除该单元格或单元格区域中的条件格式,Excel 不会给出任何警告信息。如果非得使用粘贴,并且要保留条件格式,那么可使用"选择性粘贴"功能。

2. 当复制一个包含条件格式的单元格时,将同时复制该单元格的条件格式。在包含条件格式的单元格区域中插入行或者列时,在新的单元格中将有相同的条件格式。

3. 如果要删除条件格式,仅在含有条件格式的单元格中按【Delete】键,不会删除条件格式。要删除条件格式,需要使用"编辑"→"清除"→"格式"命令或者"编辑"→"清除"→"全部"命令。还可以使用"条件格式"对话框,删除其中的条件。

4. 复制某单元格到含有条件格式的单元格中,也将清除条件格式。

5. 要快速查看所有包含条件格式的单元格,使用 Excel 的"定位"对话框,单击"定位条件"按钮,在"定位条件"中选择"条件格式"选项,如图 2-30 所示。

图 2-30 "定位条件"中的"条件格式"选项

七、背景设置

在 Excel 2003 中，如果觉得满眼格子线条的背景太过单调乏味，用户还可以为工作表设置自己喜欢的背景。

在菜单栏上依次单击"格式"→"工作表"→"背景"，打开"工作表背景"对话框。在对话框的列表框内，用户可选择图片作为当前工作表的背景。如果在当前文件夹中没有所需的图片文件，可在"查找范围"内重新定位文件夹路径。选中图片后单击"插入"按钮即可完成工作表背景的设置。

设置的图片背景只对当前工作表有效，用户可以为每张工作表设置不同的背景。但是增加美观的代价是工作簿的增大以及系统负担的增加，所以需要用户在这两方面做好平衡。

在使用背景图片的工作表中，有些用户会觉得网格线的显示影响背景图片的视觉效果，那就可以通过选项设置关闭网格线的显示来改善这种情况。

图片在工作表的背景层中会以平铺的方式显示，重复出现直到布满整个工作表区域。但某些情况下，用户并不需要在整个工作表中显示背景图案，而只需在某些特定的区域显示背景。一个比较简易的实现方法是将选定区域以外所有单元格的背景颜色设置为白色，使其覆盖原有的背景显示，而只保留选定区域内的背景显示。

第六节　建立图表

本节介绍如何在 Excel 2003 中建立图表。用折线图、柱形图或饼图表示表格中数据的比例关系，可以将抽象、枯燥的数据形象化，使我们对表格中数据有一个直观形象的了解。

一、使用"图表向导"制作图表

"图表向导"是简化图表制作过程的一系列对话框，可以引导我们逐步制作出需要的图表。

【例 2-17】　我们先输入表 2-5 的数据,并来制作这张表的饼图图表。

表 2-5　我国的土地利用类型

已利用土地				改造后可利用的土地			难利用土地
工矿交通城市用地	草地	林地	耕地	宜垦荒地	宜林荒地	沼泽滩涂水域	沙漠石头山地永久积雪和冰川
7%	33.8%	12.7%	10.4%	3.5%	9.5%	4%	19.1%

1. 选中用于制作图表的数据区和数据标志区。我们区域是 A3:H4,如图 2-31 所示。其中,A4:H4 为图表的源数据区,A3:H3 为图表的标志区。

A3	▼	fx	工矿交通城市用地				
	A	B	C	D	E	F	G	H
1	我国的土地利用类型							
2	已利用土地				改造后可利用的土地			难利用土地
3	工矿交通城市用地	草地	林地	耕地	宜垦荒地	宜林荒地	沼泽滩涂水域	沙漠石头山地永久积雪和冰川
4	7%	33.80%	12.70%	10.40%	3.50%	9.50%	4%	19.10%

图 2-31　选中 A3:H4 区域

2. 单击工具栏上的"图表向导"按钮,出现"图表类型"对话框。

3. 在对话框中左边的"图形类型"框中选择饼图,对话框的右边就显示出"饼图"的子图表类型,如图 2-32 所示。

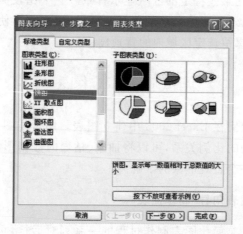

图 2-32　"图表类型"对话框中的"饼图"子图表类型

4. 在"饼图"的子图表类型中，单击分离型饼图"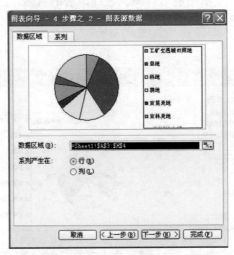"，然后单击"下一步"按钮，出现"图表源数据"对话框，如图 2-33 所示。

图 2-33　"图表源数据"窗口

仔细看这个对话框可以发现"数据区域"框中的数据正是我们选中的区域，就不要再改了。在"系列产生在"选项中，应该选中"行"，因为我们的数据是按行排列的。

5. 单击"下一步"按钮，出现"图表选项"对话框。在"标题"选项卡的"图表标题"框中，输入"我国的土地利用类型"，如图 2-34 所示。

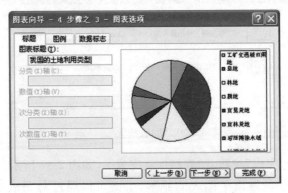

图 2-34　"图表选项"的"标题"选项卡

6. 单击"图例"选项卡,选择是否显示图例以及图例的位置。本例中我们选择默认的"显示图例",且图例放在图表的右侧。

7. 单击"数据标志"选项卡,出现如图 2-35 所示对话框,选中"百分比"复选框。

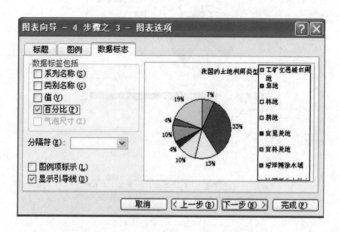

图 2-35 "图表选项"的"数据标志"选项卡

8. 单击"下一步"按钮,出现"图表位置"对话框,选中"作为其中的对象插入"单选按钮(生成的图表将放在同一数据表中),如图 2-36 所示。

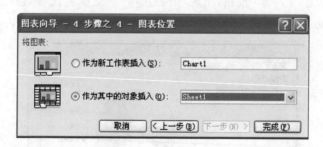

图 2-36 "图表位置"对话框

9. 单击"完成"按钮,图表制作就完成了,如图 2-37 所示。

这样我们就做出了图表的雏形,下面可以通过对图表的调整来完善它。

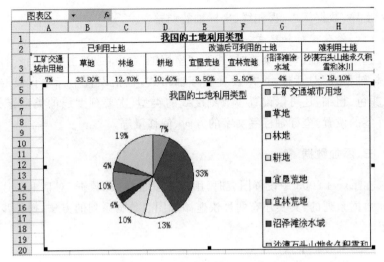

图 2-37 选中数据的图表

二、修改图表内容

（一）修改标题

1. 单击图表区域,选中图表。

2. 把鼠标指针移到图表中的标题上单击,标题被选中。这时,用鼠标拖动标题边框,能移动标题的位置;在标题框内单击,可以修改标题的内容。

（二）修改边框、底纹、字体

双击绘图区的空白处,出现"图表区格式"对话框。

（三）修改横纵坐标

在图表区空白位置单击鼠标右键,选择"源数据"命令,更改"数据产生在"为"列/行"。

（四）网格线、图例、数据标志的显示和修改

在图表区空白处,单击鼠标右键,选择"图表选项"命令进行修改。

（五）修改数据系列

在"绘图区"单击要修改的数据系列,右键选择"数据系列格式",进行

系列次序、数据标志、误差线、坐标轴的调整。

（六）修改坐标轴格式

选中坐标轴、单击菜单"格式"→"坐标轴"命令（或双击坐标轴），打开"坐标轴格式"对话框，可以设置坐标轴格式，包括设置坐标轴直线的样式、颜色、粗细，还可以设置主要刻度线的类型、次要刻度线的类型、刻度线标签的位置，坐标轴标签文字的方向、偏移量等。

三、添加数据

在 Excel 2003 中设置图表时，用户一般是在"源数据"对话框中逐个添加数据系列的，其实还有两种快速添加图表数据系列的方法，操作步骤如下。

（一）直接拖放法

在图 2-38 中，选中"系列 2"所在的单元格区域，即 B1:B4 单元格，将光标移到所选区域的边框上，当光标变成十字箭形时按下鼠标左键，直接拖放到图表中，则在折线图中自动添加了"系列 2"数据系列。

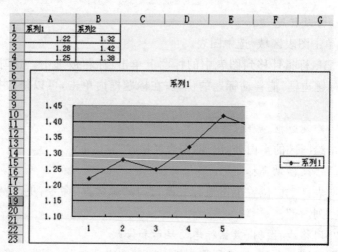

图 2-38　直接拖放法

（二）复制粘贴法

如图 2-38 所示，选中"系列 2"所在的单元格区域，即 B1:B4 单元格，单击菜单"编辑"→"复制"命令（或按【Ctrl＋C】组合键），再选中折线图，单击菜单"编辑"→"粘贴"命令（或按【Ctrl＋V】组合键），也可以在折线图中快速添加"系列 2"数据系列。

　　如果单击使用"复制"命令后，再选中折线图，单击菜单"编辑"→"选择性粘贴"命令，可以打开"选择性粘贴"对话框。如果在"选择性粘贴"对话框的"添加单元格为"中选择"新建系列"选项按钮，则添加数据系列。如果选择"新数据点"选项按钮，则在原数据系列中添加新数据点。

第七节　打印工作表

本节介绍如何在 Excel 2003 中打印工作表。

一、打印区域设置

　　往往在制作一张工作表时，会在其表外标出许多其他的东西，如电话号码、通信地址、表外批注等，这些都是不需要打印的内容。为了将表外不需要打印的内容摘除，就必须进行打印区域设置。打印区域设置方法有三种：

　　1. 通过"页面设置"对话框进行打印区域的设置，如图 2-39 所示。方法是自菜单栏选："文件"→"页面设置"（或"打印预览"→"设置"）→"工作表"→"打印区域"，点击打印区域文字框右边的按钮，使文字框弹出，在工作表上用鼠标左键点击起始单元格，再按住【Shift】键并点击终止单元格，此时已完成打印范围的输入，再点击打印区域右边的按钮使其返回到对话框内，确定后即完成打印区域的设置。

　　2. 通过文件菜单设置。先在要打印的工作表内选定打印区域，然后从菜单栏中选："文件"→"打印区域"→"设置打印区域"，此时，会在工作表选定范围的边沿上自动加上虚线标志，完成打印区域的设置。

　　3. 通过视图菜单设置。从菜单栏中选："视图"→"分页预览"，此时在工作表上出现蓝色的外框实线，用鼠标左键拖动外框线设置打印区域。

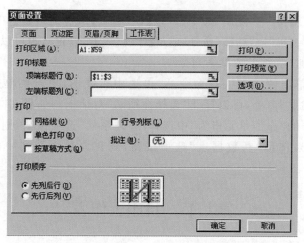

图 2-39　页面设置

二、只打印工作表的特定区域

在实际的工作中,我们并不总是要打印整个工作表,而可能只是特定的区域,那么应该如何设置呢? 请跟着下面的方法进行。

(一)打印特定的一个区域

如果需要打印工作表中特定的一个区域有下面两种方法。

方法一:先选择需要打印的工作表区域,然后选择菜单"文件"→"打印"命令,在弹出的"打印内容"对话框的"打印内容"区,勾选"选定区域"单选框(图 2-40),再单击"确定"即可。

方法二:进入需要打印的工作表,选择菜单"视图→分页预览"命令,然后选中需要打印的工作表区域,单击鼠标右键,在弹出的菜单中选择"设置打印区域"命令即可(图 2-41)。

说明:方法一适用于偶尔打印的情形,打印完成后 Excel 不会"记住"这个区域。而方法二则适用于老是要打印该工作表中该区域的情形,因为打印完成后 Excel 会记住这个区域,下次执行打印任务时还会打印这个区域。除非你选择菜单"文件"→"打印区域"→"取消打印区域"命令,让 Excel 取消这个打印区域。

图 2-40 打印特定的一个区域 1

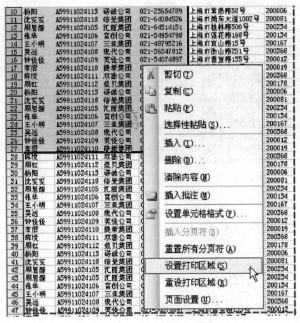

图 2-41 打印特定的一个区域 2

(二)打印特定的几个区域

如果要打印特定的几个区域,和上面的方法对应,也有两种方法。

方法一:开始时,按住【Ctrl】键,同时选中要打印的几个区域,后面的操作与上面的方法一相同。

　　方法二：在分页预览视图下，用前面方法二介绍的方法设置好一个打印区域后，再选择要打印的第二个区域，单击鼠标右键，在弹出的菜单中选择"添加到打印区域"命令即可（图 2-42）。用同样的方法设置其他需要打印的区域。

图 2-42　打印特定的几个区域

　　说明：用方法二设置的打印区域，Excel 会一丝不苟地把它记下来。要取消这些设置，执行菜单"文件"→"打印区域"→"取消打印区域"命令即可。

三、带表头分页打印

　　Excel 将表头称"标题"。打印一张较大的工作表时，需要分多页打印出表。每一页上都要带上表头才算是一张完整的表。一张较长的工作表，分页打印时需要每页都有上表头。而打印一张较宽的工作表时，每页都要有左表头。而打印一张又长又宽的工作表时，则每页既要有上表头又要有左表头。这些都是可以通过"页面设置"（图 2-39）来完成。

（一）带上表头分页打印

从菜单栏中选："文件"→"页面设置"→"打印标题"→"顶端标题行"，点击文字框右边的"▣"按钮使文字框弹出，用鼠标左键点击表头的起始行标，按住【Shift】再点击表头的终止行标，如图 2-43 所示。再点击文字框右边的"▣"按钮返回，确定后即完成带上表头的打印设置。

图 2-43　顶端标题行设置

（二）带左表头分页打印

方法同（一），不同的是要选择"左端标题列"（即左表头列）进行设置。

（三）既带上表头又带左表头分页打印

请同时进行以上（一）、（二）的操作。

四、页边距设置

可自图 2-39 的对话框中选"页边距"，从对话框中对上、下、左、右、页眉、页脚和居中方式，用改变数值的方法进行设置。

五、小表大打或大表小打

通过 Excel 的"打印预览"→"设置"→"页面"→"缩放比例"→在其右的数字框内，用改变数值的方法调整页面与纸张的比例，实现小表大打或大表小打的效果。

六、页眉/页脚设置

（一）页眉设置

可自图 2-39 的对话框中选"页眉/页脚"，从对话框中选"自定义页眉"，再从页眉对话框中选择页眉的设置位置，输入页眉内容后，再设置字体和字号，最后确定退出即可。

（二）页脚的设置

可在图 2-39 的对话框中选"页眉/页脚"，从对话框中选"自定义页脚"，再从页脚对话框中选择页脚的设置位置，输入页脚内容后，再设置字体和字号，最后确定。如果只是为了定义页号，可点击"页脚"文字框右的"🖼️"按钮，并选择页码所需式样，点击后即可输入。

（三）页眉及页号位的调整

一般情况是页眉位置太靠上，而页号位置又太靠下，很不美观。调整方法有两种：

1. 可在图 2-39 的对话框中选"页边距"，从对话框中对页眉、页脚用改变数值的方法进行设置。

2. 从打印预览的菜单上点击"页边距"菜单，此时便出现如图 2-44 所示的预览图。为便于说明问题，特在图中用箭头作了指向。请按箭头指向的标记处，上下拖动即可调整出页眉和页脚的最佳位置。

学生考试成绩表

学号	姓名	物理	化学	英语	历史	语文	数学	合计	排位
1	王一	56	68	67	76	87	77	431	7
2	李二	56	92	56	45	78	79	406	8
3	张三	78	97	78	69	98	98	518	1
4	赵四	89	69	98	90	89	76	511	2
5	周和	92	74	69	96	78	78	487	4
6	严明	73	57	79	97	79	69	454	6
7	纪中	120	42	87	92	94	45	480	5
8	哥们	110	46	89	87	69	99	500	3

第 1 页

图 2-44　用拖动方法调整页眉和页脚位置

七、调整分页幅面

打印分页是 Excel 程序本来就有的功能，但也是可以在自动分页的基础上进行自定义。方法是从菜单栏中选："视图"→"分页预览"，此时在工作表上出现蓝色的外框实线，并在工作表内出现蓝色的虚线，这种蓝色虚线就是分表打印的页间分界线（图 2-45）。用鼠标左键拖动其虚线，就

可改变其页间的分页位置。还可以通过改变行列的高度和宽度,实现打
印表格的美观程度。

34131	1564254	0	3012	6142099	10788954
36566	1597470	0	5162	6868855	7480404
46419	5480189	3234	2988	18514796	28925684
5073	1095348	0	237	15091734	16632675
4672	1082752	0	148	7137512	4004622
2595	285307	0	84	990195	1296857
523	24395	0	19	205645	245044
422	222233	0	21	555516	981972
438	42616	0	17	265191	275619
18	1256	0	1	4160	7500
0	0	0	0	0	0
1546	834140	0	51	1423630	2229284

图 2-45　分页显示的虚线

八、其他打印设置

Excel 的打印设置是十分丰富的。下面对其他打印设置再作一些简
要的介绍。

从菜单栏选:"文件"→"打印"→"属性"进入一个对话框,从对话框中
选:"设置"可进行"打印质量、纸张类型、纸张尺寸"以及"比例匹配、条幅
打印"设置等;

如从属性对话框中选:"功能"可进行方向(横向、纵向、镜像)双面打
印、每张纸打印多个页面、海报打印等设置;

如果使用的是彩喷打印机,从属性对话框中选:"高级"可进行颜色、
墨水量、附加干燥时间的设置等。

九、视面管理器的应用

在对工作表的打印中,经常会出现几种不同的打印要求。在第二次
打印设置后,又会冲掉第一次的打印设置。能否把每次不同需要的打印
设置都保存起来,随时根据需要调用呢? 视面管理器就是为这种需要而
设计的。视面管理器(图 2-46)使用方法是:

在做完上述设置后,从菜单栏中选:"视图→视面管理器"→出现"视

面管理器"(图 2-46)对话框后,用鼠标左键单击"添加",出现"添加视面"(图 2-47)对话框后,在其"名称"文字框内输入自己定义的视面名称,即完成第一种打印设置。

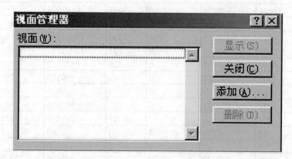

图 2-46　视面管理器

图 2-47　添加视面

假设我们做了一张《职工花名册》的工作表,录入表项时按单位、姓名、职务、职称、工资级别等混合录入的。我们将这张《职工花名册》按照单位进行排序后,就也可以分单位进行打印了。假如这些单位是:A 公司、B 公司、C 公司、D 公司、E 公司等,我们可以按公司分别设置视面,需要打印哪个公司的《职工花名册》时,从"视面管理器"(图 2-48)中去选择打印即可。

比如我们要打印"D 公司"的《职工花名册》,就从菜单栏选:"视图"→"视面管理器",再从"视面"对话框中选 D 公司→"确定"。再按工具栏上的打印按钮,D 公司的《职工花名册》就可打印出来。

删除时(假如要删除 E 公司的定义),从菜单栏选:"视图"→"视面管理器",再从"视面"对话框中选 E 公司→"删除",这时出现一个对话框,提示：{是否删除"E公司"?}，用鼠标左键点击"是"，就将 E 公司的定义给删除了。

图 2-48 定义分单位打印管理

对于那些不习惯分工作表按单位做统计的同志，用视面管理器分单位进行打印设置是最适用的。

十、组及分级显示

对于有时需要打印、有时又不需要打印的行、列，采用"组及分级显示"方法进行设置，需要打印时就让它显示，不需要打印就不让它显示。这种方法比使用隐藏行、列的方法更便于操作和适用。方法如下：

（一）设置组合显示

以组合列为例。选择要组合列标的区域，从菜单栏中选："数据"→"组及分级显示"→"组合"。即可完成一个单元列区域组合。但每一次只完成一个列标区域的组合设置。如要组合多个列标区域，需按此方法分区域进行设置。以行组合的方法同列。图 2-49 中，列是按职工名称、基本工资、应发工资和实发工资进行组合，图 2-50 中，行是按部门小计与合计进行组合的表例。

综合图 2-49 与图 2-50 两图所示，图中列左角所显示的"1"、"2"称为"列级按钮"；行上角所显示"1"、"2"称为"行级按钮"。"＋"号称为"显示概要符号"，"－"号称为"隐藏细则符号"。

如果用鼠标左键点击图 2-49 与图 2-50 上"列级按钮"或"行级按钮"、"显示概要符号"或"隐藏细则符号"，则可选取不同的显示效果。

	职工名称	部门名称	类别名称	基本工资	奖金	书报费	洗理费	应发工资	所得税	房租水电	实发工资
4	李双双	办公室	管理人员	6480	5460	672	528	13140	131	1308	11918
5	王二小	办公室	生产人员	6480	5844	1080	720	14124	141	480	13582
6	成三贵	办公室	生产人员	6720	5520	960	600	13800	138	1440	12461
7		办公室小计		19680	16824	2712	1848	41064	411	3228	37961
8	走为上	财务科	辅助人员	4272	7200	600	960	13032	130	600	12401
9	黑二旦	财务科	管理人员	7200	6000	804	948	14952	449	720	13902
10		财务科小计		11472	13200	1404	1908	27984	579	1320	26303
11	指路灯	一车间	政工人员	4140	8400	840	660	14040	140	600	13399
12	白菜花	一车间	生产人员	5472	4140	1068	540	11220	112	720	10508
13	红双喜	一车间	工程人员	6000	5472	912	540	12924	129	708	12204
14	麻壮志	一车间	工程人员	6720	936	480	408	8544	0	480	8144
15	油条头	一车间	政工人员	8160	2808	720	792	12480	125	276	12124
16		一车间小计		30492	21756	4020	2940	59208	507	2784	56379
17		合计		61644	51780	8136	6696	128256	1496	7332	120643

图 2-49　组合显示 1

	职工名称	部门名称	类别名称	基本工资	应发工资	实发工资
7		办公室小计		19680	41064	37961
10		财务科小计		11472	27984	26303
16		一车间小计		30492	59208	56379
17		合计		61644	128256	120643

图 2-50　组合显示 2

　　按图 2-49 所示的范例,如果用鼠标左键点击该图的"列级按钮";则只显示职工名称、基本工资、应发工资和实发工资;点击"行级按钮",则显示各部门的小计与合计,如图 2-50 所示的表例。如点击"显示概要符号"或"隐藏细则符号",则可实现显示或隐藏一个单一组合。

　　只选择单元格区域,也可以实现对行标或列标区域的组合。只是在作完自菜单栏选:"数据→组及分级显示→组合"后,又出现一个"创建组"对话框(图 2-51),可用鼠标左键点击对话框内的行、列复选圈,使圈出现

"·"后,再点击确定完成行、列显示的设置。

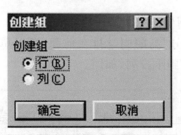

图 2-51　组合显示 3

(二)取消组合显示

1. 单一取消组合显示。选择要取消的原设置行、列标区域,从菜单栏中选:"数据"→"组及分级显示"→"取消组"。即可取消一个组合显示区。

2. 全部取消组合。从菜单栏中选:"数据"→"组及分级显示"→"清除分级显示"。这时整个工作表中的分级显示便全部被清除。

第八节　数据排序筛选

本节介绍如何在 Excel 2003 中对数据进行排序、筛选。

一、对数据进行排序

实际工作中,我们经常需要对数据进行排序,比如对学生成绩表按总分排序等。

(一)对数据进行简单排序

当我们要对一批数据排序时,首先要确定一个排序依据,这个排序依据称为"关键字"。例如,我们要依据"总分"多少来重新排列"期末成绩表"中的数据,"总分"就是排序的"关键字"。

在常用工具栏中有两个用于排序的按钮,它们分别是"升序"和"降序"按钮。

【例 2-18】　根据"总分"对期末成绩表进行排序,高分的同学排在前面。

1. 单击"总分"列中任意一个有数据的单元格。

2. 因为要把"总分"高的同学排在前面,所以单击"降序"按钮,表中数据就按"总分"从大到小排列,如图 2-52 所示。

	A	B	C	D	E	F	G	H	I
1	学号	姓名	计算机	运输经济法规	运输设备	客运英语	旅客运输服务	客运组织	总分
2	1	周欣欣	95	95	97	95	100	98	580
3	2	刘振兴	90	96	98	93.4	100	98	575.4
4	4	李婷婷	96	92	92	98.6	89	98	565.6
5	10	胡小博	88	90	93	97	90	88	546
6	5	左家铭	86	85	92	94.4	98	87	542.4
7	3	许越	94	83	85	88.2	95	94	539.2
8	9	吴静宜	88	94	92	78.8	90	85	525.8
9	7	程昊海	92	90	88	82.2	83	88	523.2
10	8	任智强	75	85	89	88.4	95	90	522.4
11	6	孙振喆	90	80	89	86.2	79	90	514.2

图 2-52　根据"总分"排序

(二)使用两个关键字进行排序

有时候,我们需要依据两个"关键字"进行排序。例如在举重比赛时,首先按"成绩"(举起的重量)排序,当"成绩"一样时,再按"体重"排序。排序时首先依据的"关键字"(举重比赛时的"成绩")称为"主要关键字",在"主要关键字"相同时排序所依据的"关键字"称为"次要关键字"(举重比赛时的"体重")。

【例 2-19】 对"期末成绩表"首先按"总分"进行降序排列,对"总分"相同的同学,再按"学号"进行降序排列。

1. 单击数据区中的任何一个单元格。

2. 单击菜单栏上的"数据"菜单项,打开"数据"菜单。

3. 单击"数据"菜单中的"排序"命令项,出现"排序"对话框。在"排序"对话框中,先选中"主要关键字"为"总分"和"降序";再选中"次要关键字"为"学号"和"降序",如图 2-53 所示。

4. 单击"确定"按钮,排序工作就完成了,如图 2-54 所示。

请仔细观察"总分"都是 523 的两位同学的排序情况。

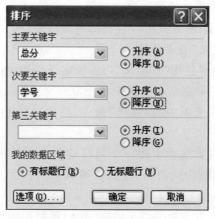

图 2-53　"排序"对话框

	A	B	C	D	E	F	G	H	I
1	学号	姓名	计算机	运输经济法规	运输设备	客运英语	旅客运输服务	客运组织	总分
2	1	周欣欣	95	95	97	95	100	98	580
3	2	刘振兴	90	96	98	93.4	100	98	575
4	4	李婷婷	96	92	92	98.6	89	98	566
5	10	胡小博	88	90	93	97	90	88	546
6	5	左素铭	86	85	92	94.4	98	87	542
7	3	许越	94	83	85	88.2	95	94	539
8	9	吴静宜	86	94	92	78.8	90	82	523
9	7	程昊海	92	90	88	82.2	83	88	523
10	8	任智强	75	85	89	88.4	95	90	522
11	6	孙振喆	90	80	89	86.2	79	90	514

图 2-54　根据"总分"、"学号"排序

二、数据筛选

筛选功能可以使 Excel 只显示出符合我们设定筛选条件的行,而隐藏其他行。在 Excel 中提供了"自动筛选"命令来筛选数据。

(一)使用"自动筛选"来筛选数据

如果要执行自动筛选操作,在数据表中必须有列标记(列标题)。

1. 在要筛选的数据表中选中单元格。

2. 执行"数据"菜单中的"筛选"命令,然后选择子菜单中的"自动筛选"命令。

3. 系统自动在数据表中每一个列标记的旁边插入下拉箭头。

4. 单击包含想显示的数据列中的箭头,我们就可以看到一个下拉列表,选中要显示的项,然后就可以看到筛选的结果。

(二)建立自定义"自动筛选"

我们还可以通过使用"自定义"功能来定义条件,筛选所需要的数据。

1. 在要筛选的数据清单中选中单元格。

2. 执行"数据"菜单中的"筛选"命令,然后选择子菜单中的"自动筛选"命令。

3. 系统自动在数据表中每一个列标记的旁边插入下拉箭头。单击包含想显示的数据列中的箭头,我们就可以看到一个下拉列表,选中"自定义"选项,出现一个自定义对话框。

4. 单击第一个框旁边的箭头,选中我们要使用的比较运算符。单击第二个框旁边的箭头,选中我们要使用的数值。如果要显示同时符合两个条件的行,选中"与"选项按钮;若要显示满足条件之一的行,选中"或"选项按钮。再在第二个框中指定第二个条件。

5. 最后按下"确定"按钮。

(三)移去筛选

如果不再需要对数据进行筛选,我们可以执行"数据"菜单上的"筛选"子菜单中的"全部显示"命令。

第九节　工作簿中的其他操作

我们已经学习了对工作表的各种操作,工作表都是保存在工作簿中的,接下来我们学习关于工作簿的一些其他操作。

一、对同一工作簿中多个工作表的操作

我们在第一节中已经对工作簿有了初步了解。通常情况下一个工作簿会打开三个工作表,分别以 Sheet1、Sheet2、Sheet3 命名。工作表名字显示在工作簿窗口底部的工作表标签上。

单击工作表标签,可以在窗口中显示相应的工作表。当前工作表的标签底色为白色。

（一）改变工作表的名字

每个工作表中都保存着不同的数据，可以根据需要改变工作表的名字。

【例 2-20】 在"期末成绩"工作簿中，Sheet1 工作表中是电 38 班的成绩，Sheet2 工作表中是电 39 班的成绩。现在改变工作表的名字，使Sheet1 为"电 38"，Sheet2 为"电 39"。

1. 打开"期末成绩"工作簿，把鼠标指针移到 Sheet1 工作表标签上。

2. 在工作表标签上双击，工作表的名字变成反白显示，如图 2-55所示。

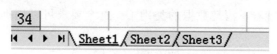

图 2-55 双击工作表标签

3. 输入工作表的新名字"电 38"，按键盘上的【Enter】键确认，完成了第一张工作表名字的修改。

4. 单击 Sheet 2 工作表标签，使 Sheet 2 工作表成为当前工作表。再重复上述步骤，把 Sheet 2 工作表名字改为"电 39"，如图 2-56 所示。

图 2-56 更改 Sheet1 和 Sheet2 的表名

（二）工作表之间的数据复制

在同一个工作簿中，通常各个工作表中都会有一些相似的数据，我们可以把这些相同的数据复制到另一个工作表中，从而加快制作表格的速度。

例如，我们可以把已经制作好的"电 38"工作表的内容复制到"电 39"工作表中，然后把其中的学号、姓名等数据重新输入，保留原表中的标题、表头、格式和公式。这样做既省事又简单。

【例 2-21】 把"电 38"工作表的内容复制到"电 39"工作表中。

1. 在"电 38"工作表中，选中要复制的区域。

2. 单击常用工具栏上的"复制"按钮，要复制的区域被流动的虚线框起。

3. 单击"电 39"工作表标签，使"电 39"工作表成为当前工作表，然后单击要复制到的目的区域左上角的单元格，选中目的位置。

4. 单击常用工具栏上的"粘贴"按钮，完成复制。

二、拆分与冻结窗口

当工作表中的数据较多时，往往需要拖动滚动条来查看后面的或右侧的数据。工作表最上面的几行通常是标题、表头等，工作表的最左侧几列通常是一些固定的项目名称等，在拖动滚动条时，我们希望这些部分保持不动，否则就看不清楚数据的类别了。这个要求可以用拆分与冻结功能来实现。

【例 2-22】　冻结"期末成绩表"的前 3 行。

1. 打开"期末成绩"工作簿中的"电 38"工作表，单击 A4 单元格作为分割点。

2. 单击菜单栏上的"窗口"菜单项，打开"窗口"菜单。

3. 单击"窗口"菜单中的"冻结窗格"，表中的前 3 行就被冻结，垂直滚动条又变成了一个。此时拖动垂直滚动条，工作表的前 3 行不滚动，而只有下面的行滚动。

单击"窗口"菜单中的"撤消窗口冻结"，可取消冻结拆分窗口。

三、分割工作表

工作中我们经常会建立一些较大的表格，在对其编辑的过程中我们可能希望同时看到表格的不同部分。在 Excel 中，系统为我们提供了分割工作表的功能，即我们可以将一张工作表按"横向"或者"纵向"进行分割，这样我们将能同时观察或者编辑同一张表格的不同部分。分割后的部分被称作为"窗格"，在每一个窗格上都有各自的滚动条，我们可以使用它们滚动本窗格中的内容。

我们可以看到水平滚动条的右边和垂直滚动条的上边各有一个"分割框"，通过他们就能实现工作表的分割。

水平分割工作表时先将鼠标指针指向水平分割框，然后按下鼠标拖动分割框到自己满意的位置，松开鼠标即完成了对窗口的分割；或者在水平分割框双击，系统会按照默认的方式分割工作表。也可以使用"窗口"菜单中的"拆分窗口"命令来达到上述分割工作表的目的。对于垂直分割，其分法和水平分割相同，这里就不再赘述。

分割后的工作表还是一张工作表，对任一窗格内容的修改都会反映到另一窗格中。

第三章 演示文稿 PowerPoint 2003

中文 PowerPoint 2003 是 Microsoft 公司开发的办公自动化软件 Microsoft Office 2003 中文版中的一个演示文稿软件。大家一定都看过幻灯片演示，PowerPoint 2003 就是一个专门用来制作幻灯片的软件，它功能强大、界面友好、操作方便，是常用的办公应用软件。

第一节 制作简单的演示文稿

一、PowerPoint 2003 的启动方法

安装好 PowerPoint 2003 软件后，启动它的方法有以下三种方式：

1. 单击任务栏左端的"开始"按钮，再从菜单中选择"所有程序"→ "Microsoft PowerPoint 2003"命令即可。

2. 双击桌面上的 PowerPoint 2003 快捷方式图标。如果桌面上没有该快捷方式图标的话，用户可以自己建立一个。

3. 直接运行 PowerPoint. exe 程序。

二、制作简单的演示文稿

(一)制作标题幻灯片

1. 启动 PowerPoint，系统会自动建立一张空白的标题幻灯片。它的作用是显示演示文稿的标题和制作者信息等，如图 3-1 所示。

2. 在这个幻灯片中有两个用来输入文字的占位符。在占位符内单击，出现光标，这时可以输入幻灯片的标题或副标题。

3. 输入幻灯片的标题或副标题后，将鼠标指针移动占位符外单击，这张幻灯片就做好了。

图 3-1 具有标题幻灯片的窗口

4. 选择"文件"→"保存"命令,将这张幻灯片保存起来。

(二)继续制作演示文稿中的其他幻灯片

1. 选择"插入"→"新幻灯片"命令,即可插入一张新幻灯片。在幻灯片选项卡中出现了新幻灯片的序号和缩略图。在"幻灯片版式"任务窗格可以选择幻灯片的版式,如图 3-2 所示。

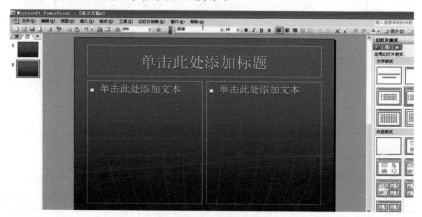

图 3-2 插入第 2 张幻灯片

2. 在标题占位符中单击,出现光标后输入第 2 张幻灯片的标题。在下面的占位符中输入文本。按回车键可以输入其他各行文字。同样的方法可以输入多张幻灯片。

3. 制作完成后,单击工具栏中的"保存"按钮,保存这个演示文稿。

4. 选择"幻灯片放映"→"观看幻灯片"命令,可以播放演示文稿。

三、修饰幻灯片中的文本

(一)改变幻灯片中文本的字体、字号和颜色

1. 在幻灯片选项卡中单击要改变文本的幻灯片缩略图,使幻灯片成为当前幻灯片。

2. 在幻灯片窗格中单击要改变文本的占位符,然后用鼠标拖动来选中文本。

3. 选择菜单栏中的"格式"→"字体"命令,弹出"字体"对话框,如图 3-3 所示。

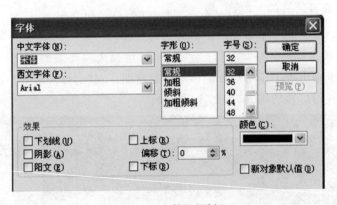

图 3-3 "字体"对话框

4. 在"字体"对话框中设置字体、字形、字号、颜色以及文本效果,然后单击"确定"按钮,在占位符外单击,文本格式就被设置好了。

(二)增加、删除幻灯片中的项目符号

可以在幻灯片中使用项目符号来突出各级标题,使用项目符号后的文本会显得层次性强、重点突出。

1. 增加项目符号

(1)选中需要加入项目符号的文本,选择"格式"→"符号项目和编号"命令,打开"项目符号和编号"对话框,如图 3-4 所示。

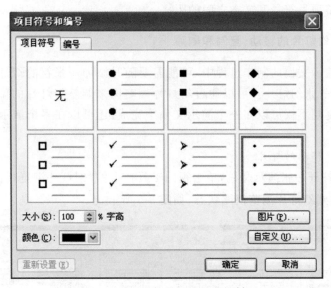

图 3-4　"项目符号和编号"对话框

(2)这个对话框的"项目符号"选项卡中有 7 种项目符号可供选择,如图 3-4 所示。

(3)单击想要的项目符号类型,在下面的"大小"文本框中调整项目符号的大小,在"颜色"下拉列表框中更改项目符号的颜色。单击"确定"按钮,项目符号就被应用到文本中了。

如果想要更漂亮的项目符号,可在"项目符号和编号"对话框中单击"图片"按钮,打开"图片项目符号"对话框,选择想要的图片,单击"确定"按钮即可。

2. 删除项目符号

删除项目符的方法是:选择包含项目符号的文本,而不是项目符号本身,选择"格式"→"项目符号和编号"命令,打开"项目符号和编号"对话框。在此对话框中选择"无",然后单击"确定"按钮,项目符号就会被删掉。

3. 改变项目符号和文本之间的距离

选择要改变距离的文本,选择"视图"→"标尺"命令,移动标尺上的游标来调整项目符号和文本之间的距离。

四、幻灯片的移动、复制和删除

在演示文稿的制作过程中,可能需要随时添加一张新的幻灯片或移动、删除一张幻灯片。可以通过幻灯片缩略图来调整幻灯片的位置。幻灯片的复制不仅可以在一个演示文稿中完成,还可以在多个演示文稿之间进行。

(一)移动幻灯片

1. 打开一张演示文稿,单击视图工具栏上的"幻灯片浏览视图"按钮，切换到幻灯片浏览视图状态,如图 3-5 所示。

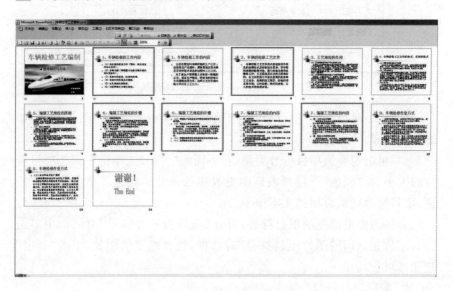

图 3-5 "幻灯片浏览视图"窗口

2. 将鼠标指针放到第 3 张幻灯片上,按住左键拖动到第 2 张幻灯片前面,当在第 2 张幻灯片前出现一条竖线时释放鼠标左键,第 3 张幻灯片就被移到第 2 张幻灯片前面了。

（二）复制幻灯片

1. 打开一个演示文稿，单击第 2 张幻灯片的缩略图。

2. 选择"插入"→"幻灯片（从文件）"命令，打开"幻灯片搜索器"对话框，如图 3-6 所示。

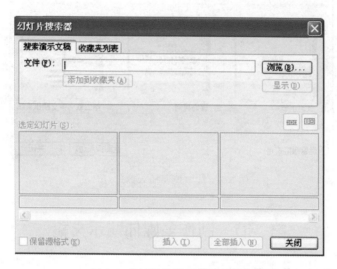

图 3-6　"幻灯片搜索器"对话框

3. 单击对话框中的"浏览"按钮，打开"浏览"对话框。在"查找范围"下拉列表框中找到想要复制的演示文稿，并按"打开"按钮，返回到"幻灯片搜索器"对话框，如图 3-7 所示。

4. 在"幻灯片搜索器"对话框中选中想要插入的幻灯片，单击"插入"按钮，这张幻灯片就被复制到演示文稿中了。

5. 单击"关闭"按钮，关闭"幻灯片搜索器"对话框，可以看到复制的幻灯片放到了第 2 张幻灯片的前面。

（三）删除幻灯片

在"幻灯片浏览视图"状态下，右击想要删除的幻灯片，在弹出的快捷菜单中选择"删除幻灯片"命令，这张幻灯片就被删除了。

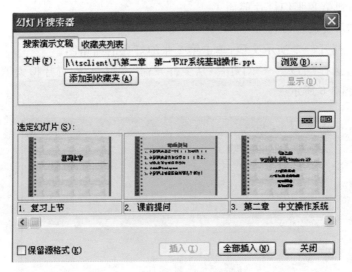

图 3-7　选中想要插入的幻灯片

第二节　制作多媒体演示文稿

一、在幻灯片中插入艺术字

使用 Office 提供的艺术字工具可以在演示文稿中插入艺术字,产生特殊的文本效果。在插入了艺术字后,还可以对艺术字进行编辑、设置阴影、弯曲、旋转、拉长等操作,从而美化演示文稿。

（一）插入艺术字

艺术字是一种绘图图形,可以使用"绘图"工具栏上的"插入艺术字"按钮插入艺术字,也可以使用"艺术字"工具栏上的"插入艺术字"按钮插入艺术字,还可以选择"插入"→"图片"→"艺术字"命令插入艺术字。

插入艺术字的操作步骤如下:

1. 选择"文件"→"新建"命令,新建一张空白演示文稿。

2. 选择"插入"→"图片"→"艺术字"命令,弹出"艺术字库"对话框,如图 3-8 所示。

图 3-8 "艺术字库"对话框

3. 在"艺术字库"对话框中,选择需要的艺术字样式后单击"确定"按钮,弹出"编辑'艺术字'文字"对话框,如图 3-9 所示。从键盘输入要制成艺术字的文字,输入的文字将替换对话框中"在此处键入您自己的内容"的字样,单击"字体"下拉列表框右侧的下拉按钮 ,从下拉列表中选择字体,单击"字号"下拉列表框右侧的下拉按钮 ,从下拉列表中选择字号,还可以设置"加粗"、"倾斜"两种字形。

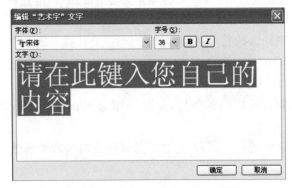

图 3-9 "编辑'艺术字'文字"对话框

4. 单击"确定"按钮,艺术字就出现在幻灯片中了,插入的艺术字周围有 8 个白色的尺寸控制点,拖动这些控制点可以改变艺术字的大小,如图 3-10 所示。

图 3-10　在幻灯片中插入艺术字的效果图

(二)设置艺术字形状

在完成插入艺术字的工作之后,可以对艺术字进行各种修饰。刚插入的艺术字是直线形的,可以把它变为其他的形状,以增强视觉效果。

设置艺术字形状的步骤如下:

1. 单击刚插入的艺术字,此时"艺术字"工具栏上的各个按钮都被激活,单击"艺术字"工具栏上的"艺术字形状"按钮 A,显示出艺术字的形状图标,如图 3-11 所示。

2. 将鼠标指针指向各图标,指针周围显示出该图标所表示的形状名称。

3. 单击选中的形状,那么这个形状就被应用到艺术字中了,如图3-12所示。

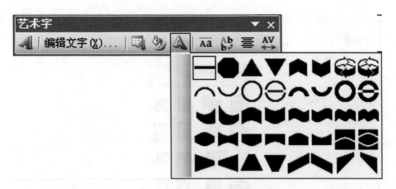

图 3-11 艺术字形状图标

图 3-12 变形后的艺术字

(三)设置艺术字的阴影效果

可以为所创建的艺术字添加阴影,也可以更改阴影的大小、方向和颜色。更改阴影的颜色时,这项更改只会影响阴影部分,而不会影响艺术字本身。为艺术字设置阴影的操作步骤如下:

1. 选择前面插入的艺术字,前提是要确保"绘图"工具栏显示在屏幕上,如果屏幕上没有"绘图"工具栏,选择"视图"→"工具栏"→"绘图"命令即可。

2. 在"绘图"工具栏上单击"阴影"按钮，屏幕显示各种阴影样式，如图 3-13 所示。

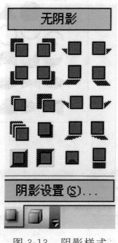

图 3-13　阴影样式

3. 将鼠标指针指向各个样式图标，指针周围显示该图标所表示的阴影名称。选中想要的阴影样式，艺术字将显示出某种阴影效果。

4. 单击"阴影设置"按钮，屏幕显示"阴影设置"工具栏，如图 3-14 所示。

图 3-14　"阴影设置"工具栏

单击"设置/取消阴影"按钮可以取消或者添加阴影，如果要使阴影上下移动，可以单击"略向上移"和"略向下移"按钮，如果要使阴影左右移动，可以单击"略向左移"和"略向右移"按钮，如果要改变阴影的颜色，单击"阴影颜色"按钮右侧的下拉按钮，然后选取想要的颜色。

（四）竖排艺术字

选中要竖排的艺术字，单击"艺术字"工具栏上的"艺术字竖排文字"按钮，艺术字将变成竖排的艺术字。再单击"艺术字竖排文字"按钮,艺术字又变回原来的横排样式。

二、在幻灯片中绘制图形

PowerPoint 提供了基本的绘图工具,可以帮助用户绘制各种图形,如圆、流程图、矩形、直箭头等。下面将介绍利用绘图工具在幻灯片中绘制图形。

(一)绘制图形

在演示文稿中,要绘制一个矩形图形,可以按如下的操作步骤进行操作:

1. 单击"绘图"工具栏上的"自选图形"按钮,将鼠标指针指向"流程图",屏幕显示 Office 内置的基本图形。移动鼠标指针到各图标作短暂停留,在指针周围显示出图标的名称,如图 3-15 所示。

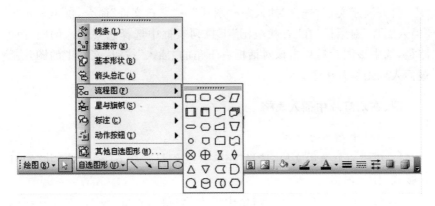

图 3-15　自选图形样式

2. 将指针移到"矩形"图标上单击,然后在演示文稿的空白处,按住鼠标左键不放,移动鼠标指针到另一个位置,即在演示文稿页上绘制出一个矩形图形。

3. 单击所绘制作的矩形,四周出现 8 个白色控制点,拖动这些控制点可以改变矩形的大小。

4. 在所绘制的矩形上右击,在出现的快捷菜单中选择"复制"命令,在空白处右击,在出现的快捷菜单中选择"粘贴"命令,可以复制出第二个矩形,拖动矩形可以改变矩形的位置。

（二）为所绘制的图形添加颜色

1. 选中矩形图形,单击"绘图"工具栏上的"线条颜色"按钮 ✍ 旁边的下拉按钮,选择一种颜色,可以改变线条的颜色。

2. 选中矩形图形,单击"绘图"工具栏上的"线型"按钮 ☰,从线型的列表中选择线型后可以改变矩形线条的线型,单击"绘图"工具栏上的"虚线线型"按钮 ▦,从虚线线型的列表中选择线型后可以把矩形线条的线型改变为所选的虚线线型样式。

3. 选中矩形图形,单击"绘图"工具栏上的"填充颜色"按钮 🎨 旁边的下拉按钮,选择一种颜色,可以改变矩形内的填充颜色。

三、在幻灯片中插入文件中的图片

打开演示文稿,选择"插入"→"图片"→"来自文件"命令,屏幕显示出"插入图片"对话框,在"查找范围"下拉列表框中选择想要插入的图片的路径,选中该图片后单击该对话框右下角的"插入"按钮,文件中的图片就被插入到幻灯片中了。

四、在幻灯片中插入表格

（一）新建表格幻灯片

1. 新建一个演示文稿,选择"格式"→"幻灯片版式"命令,打开"幻灯片版式"任务窗格。

2. 在"幻灯片版式"任务窗格中单击"标题和表格"版式,为幻灯片应用这种版式,如图 3-16 所示。

3. 在幻灯片标题占位符中单击,输入标题。

4. 将鼠标指针移动到"双击此处添加表格"处双击,打开"插入表格"对话框,如图 3-17 所示。

5. 在对话框的"列数"数字框中输入表格的列数（如 4）,在"行数"数字框中输入表格的行数（如 4）,如图 3-17 所示,单击"确定"按钮。当前幻灯片中出现一个 4 行 4 列的空表格,单击各单元格,输入相应内容,如图 3-18 所示。"表格和边框"工具栏如图 3-19 所示。

图 3-16　加入"标题和表格"版式的幻灯片

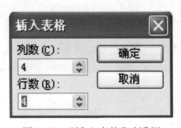

图 3-17　"插入表格"对话框

6. 将光标插入点移动到表格左上角单元格(第 1 行第 1 列)中,单击"表格和边框"工具栏上的"外部框线" ⊞▾ 按钮右侧的下拉按钮▾,打开框线下拉列表,可以在这个列表中为选中的单元格添加各种边框。要制作斜线表头,可单击"斜下框线" ◺ 按钮,就在这个单元格中添加了一条斜线。

7. 在第 1 个单元格中按空格键向右移动光标插入点,输入"班级",按回车键。在单元格中另起一行,输入"科目"。表格的斜线表头就做好了,如图 3-20 所示。

图 3-18　4 行 4 列的表格

图 3-19　"表格和边框"工具栏

(二)修饰表格

1. 将鼠标指针指向左上角第一个单元格然后拖动到右下角最后一个单元格,选中整个表格,如图 3-21 所示。

各班各科平均分汇总表

班级\科目	一班	二班	三班
语文	98	97	94
数学	95	90	95
英语	98	94	96

图 3-20　带斜线表头的表格

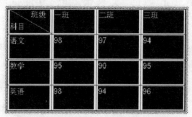

图 3-21　选中表格

2. 单击"表格和边框"工具栏上的"垂直居中"按钮 ▤,表格中的数据就在单元格中垂直居中对齐了。

3. 单击格式工具栏中的"居中"按钮 ▤,表格中的数据就水平居中了,如图 3-22 所示。

4. 选中整个表格,单击"表格和边框"工具栏中的"边框颜色"按钮 ✍,选择想要的颜色,然后单击"外部框线"按钮右侧的下拉按钮 ▦·,在下拉菜单中选择想改变颜色的框线。

5. 选中想要改变底纹的单元格,单击"表格和边框"工具栏中的"填充颜色"按钮 🞂·,选择想要的颜色单击即可。

6. 选中表格中文本,单击"格式"工具栏中的"字体颜色"按钮选择字体颜色,单击"确定"即可,如图 3-23 所示。

各班各科平均分汇总表

班级 科目	一班	二班	三班
语文	98	97	94
数学	95	90	95
英语	98	94	96

图 3-22 表格中数据居中

各班各科平均分汇总表

班级 科目	一班	二班	三班
语文	98	97	94
数学	95	90	95
英语	98	94	96

图 3-23 修饰后的表格

五、在幻灯片中插入视频文件

（一）使用插入命令插入视频

这种方法是将事先准备好的视频文件作为电影文件直接插入到幻灯片中,该方法是最简单、最直观的一种方法,使用这种方法将视频文件插入到幻灯片中后,PowerPoint 只提供简单的"暂停"和"继续播放"控制,而没有其他更多的操作按钮供选择。因此这种方法特别适合 PowerPoint 初学者,以下是具体的操作步骤:

1. 运行 PowerPoint 程序,打开需要插入视频文件的幻灯片。

2. 将鼠标移动到菜单栏中,单击其中的"插入"菜单,从打开的下拉菜单中执行"影片和声音"命令，选择"文件中的影片"，如图 3-24 所示。

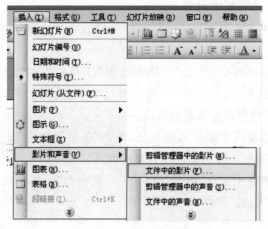

图 3-24　插入视频文件

3. 在随后弹出的文件选择对话框中，将事先准备好的视频文件选中，并单击"确定"按钮，这样就能将视频文件插入到幻灯片中了。

4. 鼠标选中视频文件，并将它移动到合适的位置，然后根据屏幕的提示选择"在单击时"播放视频或者选择"自动"播放视频，如图 3-25 所示。

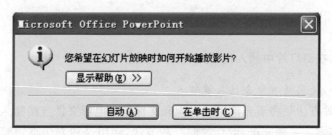

图 3-25　选择播放形式

5. 在播放过程中，可以将鼠标移动到视频窗口中，单击一下，视频就能暂停播放。如果想继续播放，再用鼠标单击一下即可。

（二）插入对象播放视频

这种方法是将视频文件作为对象插入到幻灯片中，与上述方法不同

的是,它可以随心所欲地选择实际需要播放的视频片段,然后再播放。实现步骤如下:

1. 打开需要插入视频文件的幻灯片,单击"插入→对象"命令,打开"插入对象"对话框,如图 3-26 所示。

2. 选中"新建"选项后,再在对应的"对象类型"设置栏处选中"Windows Media Player"控件,单击"确定"按钮。

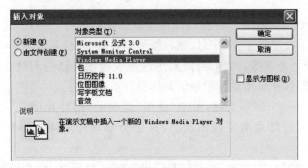

图 3-26 "插入对象"对话框

3. PowerPoint 自动切换到视频属性设置状态,执行"插入剪辑→Windows 视频"命令,将事先准备好的视频文件插入到幻灯片中。

4. 在"视频窗口"中单击右键,选中"属性"命令,插入要播放的视频。

六、在幻灯片中插入动画

在幻灯片中插入动画的具体步骤如下:

1. 新建演示文稿,插入一张空白幻灯片。

2. 单击菜单栏上的"插入",打开"插入"菜单,用鼠标指针指向"影片和声音",弹出一个子菜单,选择"剪辑管理器中的影片",打开"剪贴画"任务窗格。

3. 在"剪贴画"任务窗格中,每个图标右下角都有一个 🌠 图标,这是 GIF 格式动画的标志,点击想要插入的动画。动画就被插入到幻灯片中了。同时弹出提示框,如果选择"自动",在播放幻灯片时,动画自动播放,如果选择"在单击时",在播放幻灯片时,在动画上单击才开始播放。

4. 插入到幻灯片中的动画,四周有 8 个白色的控制点,拖动控制点可以改变动画的大小和位置。

5. 在幻灯片放映时可以看到动画效果。

第三节　美化演示文稿

一、应用设计模板

PowerPoint 提供了许多幻灯片模板供我们选择和使用,这些模板已经设置好了文字的字体、字号、项目符号的格式、占位符的大小和位置、背景颜色、配色方案等。我们可以利用这些模板使自己的幻灯片变得美观大方。为幻灯片应用设计模板的具体操作步骤如下:

1. 打开一个演示文稿,单击"视图"菜单的"幻灯片浏览"选项,将幻灯片切换到幻灯片浏览视图状态,这是为幻灯片应用设计模板的最好视图。

2. 单击"格式"菜单的"幻灯片设计"选项,打开"幻灯片设计"任务窗格。在这个窗格中列出了当前幻灯片中已使用过的设计模板、最近使用过的设计模板和可供使用的设计模板。

3. 将鼠标指针指向一个设计模板,稍停一会儿,会出现这个模板的名称。拖动"幻灯片设计"窗格的右侧垂直滚动条,可以浏览幻灯片设计模板。单击一种设计模板,为幻灯片应用所选的设计模板。

4. 要想改变其中某一张幻灯片的设计模板(例如改变第 3 张),在幻灯片浏览视图中单击第 3 张幻灯片的缩略图,使其成为当前幻灯片。然后在"幻灯片设计"任务窗格中找到想要的模板,将鼠标指针指向这个设计模板,稍停一会儿,单击右侧的 ▼ 按钮,在其下拉菜单中单击"应用于选中幻灯片"选项,那么这个模板就被应用到第 3 张幻灯片中。

5. 要想删除设计模板,可选择"幻灯片设计"任务窗格中的"默认设计模板"。

二、改变幻灯片背景

(一)改变幻灯片的背景颜色

1. 打开一个演示文稿,选中第一张幻灯片。

2. 单击"格式"菜单的"背景"选项,打开"背景"对话框,如图 3-27 所示。

3. 单击"背景填充"栏右下角的下拉按钮 ✔,在弹出的背景颜色列表中选择背景颜色,如图 3-28 所示。如果颜色列表中没有合适的颜色,可选"其他颜色",弹出"颜色"对话框,如图 3-29 所示。

图 3-27 "背景"对话框

图 3-28 背景颜色列表

图 3-29 "颜色"对话框

4. 在"颜色"对话框中有"标准"和"自定义"两个选项卡,每个卡中都有上百种颜色可供选择,单击想要的颜色后,再单击"确定"按钮,返回到"背景"对话框。

5. 在"背景"对话框中,单击"预览"按钮可以查看背景设置的实际效果,如果不满意还可以重新调整,如果满意了,单击"应用"按钮,可以将选中的颜色应用到所选的幻灯片中，如果单击"全部应用"按钮，所选的颜色将被应用到所有的幻灯片中。

（二）为幻灯片设置特殊效果的背景

1. 设置渐变色。

在图 3-28 中选择"填充效果"选项，打开"填充效果"对话框，打开"渐变"选项卡，如图 3-30 所示。

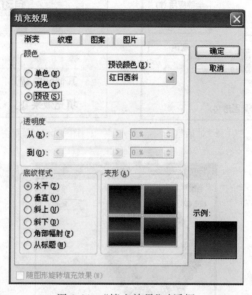

图 3-30　"填充效果"对话框

在该选项卡中可以选择单色、双色、预设颜色，还可以选择底纹的 6 种样式。在示例框中显示出渐变颜色的效果，满意之后，单击"确定"按钮返回到"背景"对话框。

在"背景"对话框中，单击"预览"按钮可以查看背景设置的实际效果，如果不满意还可以重新调整，如果满意了，单击"应用"按钮，可以将选中的渐变颜色应用到所选的幻灯片中，如果单击"全部应用"按钮，所选的渐变颜色将被应用到所有的幻灯片中。

2. 设置纹理

在"填充效果"对话框中，打开"纹理"选项卡，如图 3-31 所示。其中有很多纹理可供选择，单击其中的一种纹理，在下面会显示出该纹理的名称，在示例框中会显示出该纹理的效果，如果感到满意了，单击"确定"按钮返回到"背景"对话框。

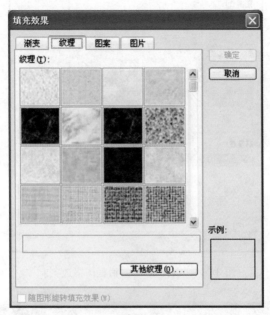

图 3-31　"填充效果"对话框"纹理"选项卡

3. 设置图案

在"填充效果"对话框中，打开"图案"选项卡，如图 3-32 所示。单击一种图案，在下方会显示这种图案的名称。单击"前景"和"背景"框中的下拉按钮 ，可以打开颜色列表，更改图案的前景和背景颜色。在示例框中会随时显示设置效果，如果感到满意了，单击"确定"按钮返回到"背景"对话框。

4. 设置图片

在"填充效果"对话框中，打开"图片"选项卡，单击"选择图片"按钮，打开"选择图片"对话框，如图 3-33 所示。选中所需的图片，单击"插入"按钮，返回到"填充效果"对话框，在"填充效果"对话框中的图片栏中会显示选择的图片，单击"确定"按钮返回到"背景"对话框。

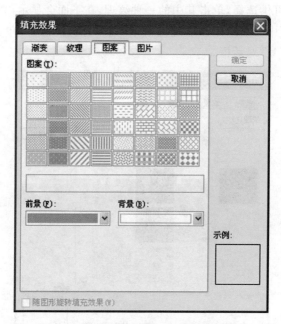

图 3-32　"填充效果"对话框图案选项卡

图 3-33　"选择图片"对话框

第四节　幻灯片的放映

在幻灯片放映过程中使用动画和切换效果,可以突出幻灯片中的重点和难点内容、帮助理解知识点、提高课堂的趣味性,从而集中学员的注意力。PowerPoint 幻灯片上的文本、图片、表格以及幻灯片本身等都是不同的对象,可以给每一个对象设置自定义动画。

一、设置幻灯片的自定义动画

(一)设置自定义动画

1. 打开一个演示文稿。

2. 单击菜单"幻灯片放映"中的"自定义动画"命令,打开"自定义动画"窗格,如图 3-34 所示。

3. 单击幻灯片中的标题,选中该文本对象,此时,"自定义动画"窗格中的"添加效果"按钮变为可用。单击"添加效果"按钮,弹出"添加效果"子菜单,如图 3-35 所示。

4. 单击"添加效果"中的"进入"子菜单,弹出下一级子菜单,如图 3-36 所示。这里有 5 种动画,单击某种动画,就可将其应用到幻灯片中选中的对象上。此时在幻灯片选项卡中的相应幻灯片的序号下面出现了动画标志按钮,同时在幻灯片窗格中的标题旁边出现动画效果的顺序编号。同时"自定义动画"窗格中的各选项都变成可用。

图 3-34　自定义动画窗格

5. 如果对设置的动画不满意,可以点击"自定义动画"窗格中的"更改"按钮,来改变动画效果。如果要删除动画效果可以点击"删除"按钮。

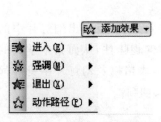

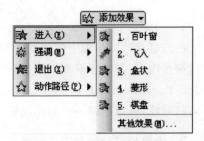

图 3-35 "添加效果"子菜单　　　　　图 3-36 "进入"子菜单

6. 点击"开始"后面的 ▼ 按钮,在其下拉菜单中可以设置所选对象的动画效果的开始时间,如图 3-37 所示,其中 3 个选项的意义如下:

(1)单击时:通过单击鼠标启动动画。

(2)之前:动画与上一项目同时启动。

(3)之后:当上一项目的动画结束时启动动画。

7. 单击"方向"后面的 ▼ 按钮,设置动画效果出现的方向,如图 3-38 所示。

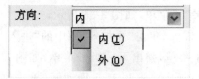

图 3-37 开始子菜单　　　　　图 3-38 方向子菜单

8. 单击"速度"后面的 ▼ 按钮,设置动画效果出现的速度,如图 3-39 所示。

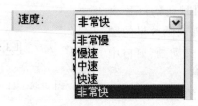

图 3-39 速度子菜单

9. 单击"自定义动画"窗格中的"播放"按钮,观看动画效果。

（二）更改动画顺序

1. 在普通视图中,显示要重新排序动画的演示文稿。

2. 单击菜单"幻灯片放映"→"自定义动画"命令,打开"自定义动画"任务窗格。可以发现,动画效果在"自定义动画"列表中按应用的顺序从上到下显示。

3. 在"自定义动画"任务窗格中,在列表中选择要移动的项目并将其拖到列表中的其他位置即可。还可以通过单击↑和↓按钮来调整动画序列,如图 3-40 所示。

图 3-40　动画顺序

二、设置幻灯片的切换效果

在演示文稿播放时,可为幻灯片的切换增加切换效果。所谓幻灯片的切换效果是指在演示文稿放映过程中,由前一张幻灯片向后一张幻灯片转换时所添加的特殊视觉效果,即每张幻灯片进入或离开屏幕的方式,具体操作步骤如下:

1. 打开要添加切换效果的演示文稿,选择幻灯片视图或幻灯片浏览视图,单击第一张幻灯片使其成为当前幻灯片。

2. 单击菜单"幻灯片放映"中的"幻灯片切换"命令,打开"幻灯片切换"窗格,如图 3-41、图 3-42 所示。

3. 在"应用于所选幻灯片"列表中选择切换效果,例如"水平百叶窗"、"溶解"和"向下插入"等,如图 3-42 所示。

4. 在"修改切换效果"选项中,可以对切换的速度和声音进行设置。单击"速度"下方的 ▼,在弹出的速度列表中选择"中速"、"慢速"或"快速"。

5. 单击"声音"下方的 ▼,在弹出的"声音"列表中选择合适的声音效果。

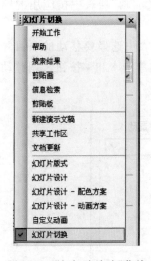

图 3-41 　"幻灯片放映"菜单　　　　　图 3-42 　"幻灯片切换"窗格

6. 在"换片方式"列表中有两个选项,意义如下:

选中"单击鼠标时"复选框,表示在播放幻灯片时,要单击鼠标才能播放下一张幻灯片。

选中"每隔"复选框,并在其后边的数字框中输入数值(秒数),表示在播放幻灯片时,经过设定的秒数后就会自动切换到下一张幻灯片。

7. 单击"播放"按钮,在浏览视图中预览所设置的切换效果,如果不满意可以重新调整。单击"应用于所有幻灯片"按钮,选中的切换效果将应用于演示文稿的全部幻灯片中。

三、打印演示文稿

将演示文稿打印出来,可以永久保存。可以将演示文稿打印在纸上或胶片上。PowerPoint 具有强大的打印功能,可以选择黑白方式或是彩色方式打印整份演示文稿、幻灯片、大纲、备注以及讲义。我们可以根据需要来选择合适的打印方式。打印演示文稿之前,要确保系统中安装了打印机并且演示文稿作了正确的页面设置。

(一)页面设置

在打印前首先要对幻灯片的页面进行设置。页面设置就是设置幻灯片打印时的方向和大小。幻灯片的方向指的是打印的方向,是纵向还是横向。备注、讲义和大纲的打印方向可以设置为与幻灯片的方向不同。幻灯片的大小,是指幻灯片打印的尺寸。

页面设置的具体操作步骤如下:

1. 打开要进行打印的演示文稿。

2. 单击"文件"菜单,选择"页面设置"命令,打开"页面设置"对话框,如图 3-43 所示。

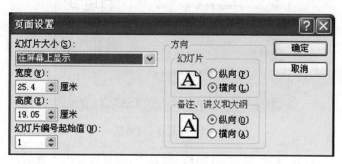

图 3-43 "页面设置"对话框

3. 在该对话框的"幻灯片大小"栏目中选择幻灯片的大小,例如 A4、B5 或者自定义大小。如果选择了自定义大小,那么在下面的"宽度"和"高度"栏目中输入幻灯片的宽度和高度;如果是打印幻灯片胶片,那么这个选项要选择"投影机"。

4. 在幻灯片的方向栏目内,选择幻灯片的方向,通常选择"横向"。在"备注、讲义和大纲"方向栏目内,选择方向,通常为"纵向"。

5. 如果不是以"1"作为幻灯片的起始编号,应在"幻灯片编号起始值"方框中输入合适的数字。

6. 设置完成后,单击"确定"按钮,完成页面设置。

（二）打印演示文稿

打印演示文稿的过程，就是选择打印机、确定打印范围、确定打印份数以及打印内容的过程。

打印演示文稿的具体操作步骤如下：

1. 单击"文件"菜单，选择"打印"选项，打开"打印"对话框，如图 3-44 所示。

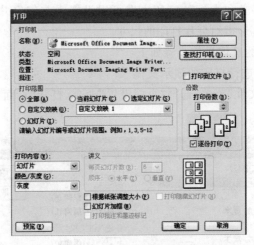

图 3-44 "打印"对话框

2. 在"打印"对话框的"打印机"栏目中，选择计算机安装的打印机。

3. 在"打印范围"栏目中选择演示文稿的打印范围：

（1）全部：打印当前演示文稿的全部幻灯片。

（2）当前幻灯片：只打印当前幻灯片。

（3）自定义放映：打印创建的自定义放映幻灯片。

（4）幻灯片：用幻灯片编号来指定的打印范围，如"1，3-6"表示打印第 1 张，第 3～6 张幻灯片。

4. 在"打印份数"栏目中，选择要打印的份数。

5. 打印的内容可以是"幻灯片"、"讲义"、"备注页"或者"大纲视图"，如图 3-45 所示。如果打印演讲者讲义，注意选择每个打印页是 2 张、4 张还是 6 张幻灯片。

（1）幻灯片：可以在打印纸或胶片上每一页打印一张幻灯片。

（2）讲义：每页可以打印多张幻灯片，在右侧"讲义"栏中的"每页幻灯片数"下拉列表中可以选择每页纸上分别打印幻灯片的个数，如 1 张、2张、3 张、4 张、6 张和 9 张，如图 3-46 所示。

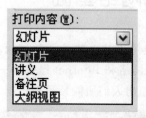

图 3-45　打印内容子菜单

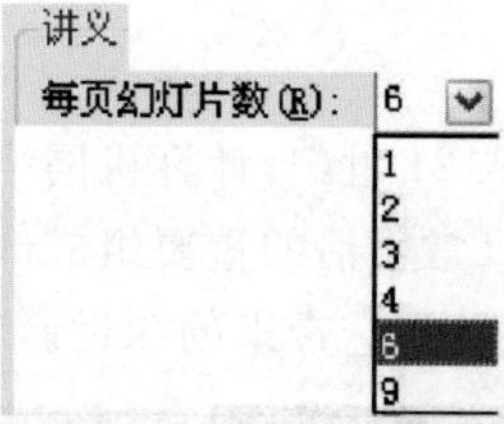

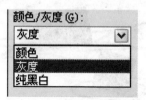

图 3-46　每页幻灯片数选项

（3）备注页：打印指定范围中的幻灯片备注。

（4）大纲视图：按当前大纲选项卡的设置打印大纲。

6. 在"颜色/灰度"下拉列表中选择最适合演示文稿和打印机的颜色模式，如图 3-47 所示。

图 3-47　打印机的颜色模式

（1）彩色：用彩色打印演示文稿。

（2）灰度：在黑白打印机上打印彩色幻灯片的最佳模式。

（3）纯黑白：将大部分灰色阴影改为黑色或白色，用于打印草稿或清晰可读的演讲者备注和讲义。

7. 选中"幻灯片加框"、"根据纸张大小调整大小"等复选框。

8. 单击对话框中的"预览"按钮，显示打印窗口，如果对打印效果不满意，可以重新调整打印设置。

9. 所有项目设置完毕后，单击"确定"按钮开始打印。

第四章　计算机网络基础

进入 21 世纪,计算机网络技术已经应用于社会的各个领域,日益成为人们日常生活的重要组成部分。计算机网络和 Internet 已成为一个巨大的信息库,它带来的深远影响必将远远超出人们所能预见的范围。

第一节　计算机网络基础知识

网络已成为一切信息系统的基础,网络应用将成为人类生存与发展所必备的技能。我们必须了解它、掌握它,使其为我们更好地服务。本节主要介绍一些网络的基础知识。

一、计算机网络的定义

所谓计算机网络,就是在地理位置上不同,并具有独立功能的多个计算机系统,利用通信设备和线路相互连接起来,配置功能完善的网络软件,实现数据通信和网络资源共享的系统。

二、计算机网络的功能

计算机网络的功能可归纳为以下几个方面。

（一）资源共享

资源共享包括硬件资源、软件资源和数据资源的共享,网络中的用户能够在各自位置上分享网络中各个计算机系统的全部或部分资源,如绘图仪、激光打印机、大容量的外部存储器等,从而提高了网络的经济性。

（二）数据通信

数据通信是计算机网络的基本功能之一。它用来实现计算机与终端、计算机与计算机之间各种信息快速传输和交换,使分布在各地的用户信息得到统一,达到集中控制和管理的目的。包括文字信件、新闻消息、咨询信息、图片资料、报纸版面等信息。例如用电子邮件发送票据、账单、信函、公文等,语音、图像等多媒体信息,提供"远程会议"、"远程教学"、"远程医疗"等服务。

（三）分布式处理

分布处理是指将分散在各个计算机系统中的资源进行集中控制与管理,可将复杂的任务划分成若干部分,交给多个计算机分别进行处理,同时运行,以提高工作效率,加强整个系统的效能。

（四）综合信息服务

通过计算机网络可以提供各种经济信息、科技情报和社会服务信息,提供各种咨询服务。比如网上证券交易系统、网上远程教育、网上购物等。

三、计算机网络的分类

通常人们按照地理范围的不同,将计算机网络分为三类:局域网、城域网和广域网。

（一）局域网

局域网(LAN,Local Area Network),一般限定在较小的区域内,小于 10 km 的范围,通常采用有线的方式连接起来。例如一个校园、一个企业等。目前局域网发展非常迅速,根据所采用的技术、应用的范围和协议标准的不同,局域网又可以分为局域地区网、高速局域网等。

（二）城域网

城域网（MAN,Metropolitan Area Network）,规模局限在一座城市的范围内,10～100 km 的区域,是地理范围介于局域网和广域网之间的一种高速网络。

（三）广域网

广域网（WAN,Wide Area Network）所覆盖的地理范围可以达到几千 km,例如一个洲、国家、地区,形成一个国际性的远程网络。目前局域网和广域网是网络的热点。局域网是组成其他两种类型网络的基础,城域网一般都加入了广域网。广域网的典型代表是 Internet 网。

另外,还可以按以下几种方法对计算机网络进行分类：

1. 根据传输介质（如同轴电缆、双绞线、光纤、卫星、微波等）的不同,可以将计算机网络分为：有线网、光纤网、无线网。

2. 按照拓扑结构的不同,计算机网络可以分为：树形网络、星形网络、总线形网络和环形网络。这 4 种网络的结构如图 4-1 所示。

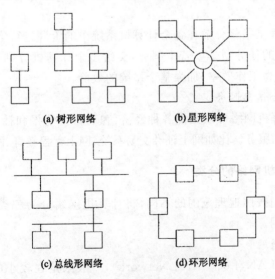

(a) 树形网络　　　(b) 星形网络

(c) 总线形网络　　　(d) 环形网络

图 4-1　4 种不同的网络结构

3. 按带宽速率,计算机网络可以分为低速网、中速网和高速网。

4. 按服务方式,可以分为客户机/服务器网络、对等网。

四、计算机网络系统的组成

一个完整的计算机网络系统是由网络硬件系统和网络软件系统组成的。

(一)网络的硬件系统

局域网的硬件系统由网络服务器、网络工作站、网络适配器(又称为网络接口卡或网卡)、连接线(学名"传输介质")4 个基本部分组成;如果要扩展局域网的规模,就需要增加通信连接设备,如调制解调器、集线器、网桥和路由器等。

1. 网络服务器

网络服务器是一台高性能计算机,用于网络管理、运行应用程序、处理各网络工作站成员的信息请示等。根据它所提供的共享性能,网络服务器又可分为磁盘服务器、文件服务器、打印服务器、数据库服务器等。

2. 工作站

工作站也称客户机,由服务器进行管理和提供服务的、连入网络的任何计算机都属于工作站,其性能一般低于服务器。个人计算机接入Internet后,在获取 Internet 的服务的同时,其本身就成为一台 Internet网上的工作站。

3. 网络接口卡

网络接口卡简称网卡,也称网络适配器,插在计算机的扩展槽上。在局域网中用于将用户计算机与网络相连。

4. 传输介质

传输介质就是通信网络中发送端和接收端之间的物理通道。通过接口,双方可以通过传输介质传输模拟信号或数字信号。目前常用的传输介质有:双绞线、同轴电缆、光纤和无线传输介质(无线电和微波)。

5. 中继器

中继器是简单的局域网延伸设备,工作在物理层,用来连接具有相同物理层协议的局域网。它的主要作用是:在信号传输了一定距离后,对信号进行整形和放大。

6. 集线器

集线器,也称集中器(Hub),实际上就是一个多口的中继器,通常使用的集线器的前端有 8 个或 16 个插座,还有一个 BNC 插座可以通过 T 形头连接到同轴电缆上。集线器可以从任意一个端口上接收信号,经过整形放大,发送到与它连接的其他端口上。使用集线器可以很方便地对网络进行管理和维护。

7. 网桥

网桥又称桥接器。它可以把多个局域网互联起来,有时也把一个 LAN 网分成几个局域网。使用网桥扩大总的物理工作距离。

8. 网关

也称为网间协议变换器,它工作在网络层上,对互联网间的网络协议进行转换,实现不同网络之间的连接。

9. 路由器

路由器集网关、网桥、交换技术于一体,能将不同协议的网络进行连接。路由器能识别数据的目的地地址所在的网络,并能从多条路径中选择最佳的路径发送数据。因此在网络连接中它能很好地控制拥塞、隔离子网、强化管理。

10. 调制解调器

调制解调器也叫 Modem,俗称"猫"。它是一个通过电话拨号接入 Internet 的必备的硬件设备。调制解调器的作用就是将计算机内部使用的数字信号转换成可以用电话线传输的模拟信号,通过电话线发送出去;把电话线上传来的模拟信号转换成数字信号传送给计算机,供其接收和处理。按调制解调器与计算机连接方式可分为内置式与外置式两种。

(二)网络的软件系统

在计算机网络中,多个节点之间的数据控制与通信都是由网络软件实现的。网络软件主要由网络操作系统、网络通信协议及网络实用软件组成。

1. 网络操作系统

网络操作系统管理连接在网络上的多个计算机系统,支持各计算机通过计算机网络互联起来,并提供一种统一、安全、经济有效的使用网络资源的方法。目前常用的网络操作系统有：Netware、Windows NT、Unix 等。

2. 网络通信协议

在网络上要将不同厂家、不同操作系统的计算机和其他相关设备连接在一起,大家必须遵守事先约定好的规则和标准,这样的规则和标准就称为网络通信协议。

常用的网络协议有 TCP/IP(用它可以连接到 Internet 及广域网)、NetBEUI(可以连接到 Windows NT,Windows for workgroups 或局域网的服务器上)、IPX/SPX(兼容通讯协议,使用它可以在 NetWare,Windows NT 服务器及 Windows XP 计算机之间实现通信)。

第二节　Internet 的连接与浏览

Internet 即国际互联网,也称因特网,是众多计算机及其网络通过电话线、光缆、通信卫星等连接而成的一个计算机网络,是一种集通信技术、信息技术、计算机技术为一体的网络系统,它是目前全世界最大的网络,也是全球最具影响力的计算机互联网络,包含着丰富多彩的信息并提供方便快捷的服务,缩短了人们之间的距离。通过 Internet,可以与接入 Internet 的任何一台计算机用户进行交流,如收发邮件、聊天、通话等。

一、Internet 概述

早在 1969 年,美国国防部下属的远景规划署就秘密研究成立了一个只有 4 台计算机组成的小型网络。虽然还很原始,但是它已能使 4 台计算机共享资源。到了 1972 年的首届计算机和通信国际会议上,远景规划署正式将此网络介绍给了全世界,那时它已有了 50 台主机了,这可以算是 Internet 发展的第一步。而真正将网络推向大众的是 1986 年由美国科学基金会建设的连接了 5 个超级计算机中心的高速网络,它是真正面向用户的网络。后来,一些美国的大学和研究机构看到了此网络在研究方面上的重大优势,便纷纷要求加入,于是越扩越大。后来远景规划署宣布正式启用 TCP/IP 协议的全球性网络——Internet。从那时起,不属于任何国家或机构,以平等、互利、合作、安全为原则的全球最大的信息资源基地就这样诞生了。

Internet 的主要功能是提供全球信息资源的共享,进行广泛的信息传递和交流,提供给人们一种崭新的网络生活方式。

我国从 1994 年开始正式接入 Internet,同年 5 月,开始在国内建立和运行我国的域名体系,至今已先后建成了中国科学技术网(CSTNET)、中国公用计算机互联网(CHINANET)、中国教育和科研计算机网(CER-NET)、中国金桥信息网(CHINAGBN)4 大互联网络,提供数个 Internet 国际出口信道,初步形成了我国的 Internet 主干网。1997 年 6 月 3 日中国互联网络信息中心(CNNIC)在京成立,负责中国互联网络的运作和管理。

(一)Internet 的特点

Internet 具有以下的特点:

1. 采用 TCP/IP 协议

TCP/IP 协议是网络互联的基础,没有 TCP/IP 协议的支持,整个网络就不能统一运作。形象地说,TCP/IP 协议就像是电话网的指令系统。TCP/IP 的地位相当重要,凡是遵守 TCP/IP 标准的计算机网络按一定规则都可以连入 Internet。

2. 具有透明性

Internet 上的计算机网络是千差万别的,各国的公用通信网也不尽相同,因此用户并不知道它是怎么和另一台计算机联系上的。用户不用了解整个网络的结构及其工作的过程,它的这种透明性特征让用户在使用时感到十分方便。

3. 真正的用户网络

Internet 中各个计算机网络和计算机终端是由用户来管理的,目前 Internet 没有对网上的通信进行统一管理的机构。Internet 网上的功能、服务都是由用户开发、经营、管理的。

4. 采取客户机/服务器的工作模式

在计算机网络中,服务器起到核心的作用。其主要任务是将资源提供给网上用户进行文件的操作、运行应用软件、负责网络间的通信等服务。正是由于 Internet 具有上述的优点,才使得 Internet 如此受到人们的欢迎,并且能够一直稳步地蓬勃发展。

(二)Internet 的主要服务

1. 远程登录

远程登录是指一个地点的用户与另一个地点的计算机上运行的应用程序进行交互对话。在 Internet 中,用户可以通过远程登录使自己成为远程计算机的终端,然后在它上面运行程序,或使用它的软件和硬件资源。

2. 电子邮件

电子邮件(E-mail)是通过 Internet 在用户之间收发电子文件格式的邮件,是 Internet 上使用最多的信息服务。电子邮件利用计算机的存储、转发原理,通过计算机终端和通信网络进行信息的传送。它不仅能传送普通的文字信息,还可以传送图像、声音等多媒体信息。

3. 文件的下载和上传

下载(Download)是指把网上的信息复制到用户使用的电脑中,而上传则正好相反,是上网者把自己电脑中的信息复制到服务器或主机中。相对来说,下载的操作比上传要更为普遍。Internet 上有许多共享的免费软件,允许用户无偿使用或复制。这样的免费软件种类繁多,从普通的文本文件到多媒体文件,从大型的工具软件到小型的应用软件和游戏软件,应有尽有。

4. 信息查询

由于 Internet 网上的信息越来越多,网站也是难以计数,人们可以使用浏览器的搜索功能或者专门的搜索引擎来进行查找。

5. 文件传输

FTP 服务器中存储着大量共享文件和免费软件,国内用户无须争抢拥挤的国际通道,就可以由 FTP 服务器获得。利用 FTP,可以将 Internet 上一台主机上的文件传输到另一台主机或自己的计算机上。

6. 网上聊天

网上聊天是当前网络上的一大热点。由于交谈的双方之间存在一种不确定的距离,也许近在眼前,也许远在天边,更由于用户可以在网上畅所欲言,无所不谈,所以其魅力甚至远远大于面对面的交谈。

7. BBS 电子公告栏

BBS 是网上人们直接交流的场所,它就像一个公共广告宣传栏,用户可以在 BBS 服务器上阅读其他人的文章。在这里,人们还可以随意地与网友发表自己的看法,或者对别人的观点提出评论。

8. 网上游戏

游戏是一种休闲娱乐的方式,在工作之余玩玩游戏是一种很好的调节。在 Internet 上,由于联网游戏给人一种参与感和神秘感,因而越来越受到人们的欢迎,特别是青少年朋友们对它情有独钟。

9. 个人主页空间

在浏览了 Internet 上五彩缤纷的网站之后,你一定希望拥有自己的个人主页。现在很多服务器上都提供了免费的个人主页空间,制作网页的软件越来越多,功能也日渐强大。相信个人主页的制作将是一种时尚。

10. 电子商务

Internet 上的电子商务在全球已经成为一种新兴的技术和引人注目的焦点,它与传统商业模式相比是新型的商业模式,不论是在经营思路方面还是在商品营销方面,都与传统的商业模式有着巨大的差别,它的出现意味着一个全新的全球性网络经济的诞生。

二、连接进入 Internet

(一)连接 Internet 的基本方式

要使用 Internet 上的资源,首先要将自己的计算机连接到 Internet 上。从用户角度看,将计算机接入 Internet 的最基本的方式有 6 种。

1. 电话拨号入网

用电话线和调制解调器通过拨号连接到 Internet 主机或通信服务器上,客户机作为 Internet 物理上的一部分,拥有自己的计算机名和 IP 地址。通常,通过 modem 拨号上网获得的 IP 地址是动态变化的,即系统根据资源的占用动态地分配地址。

2. 局域网入网

用户计算机通过网卡和专门的通信线路(电缆、光纤)连接到某个已与 Internet 相连的局域网（如校园网）上。该方式的特点是不需要拨号、线路可靠、误码率低、数据传输速度快等,适用于大业务量的网络用户使用。

3. 宽带 ADSL 入网

利用现有电话线路实现高速、宽带上网。这种上网方式中,上行、下行的速率不一致,又称非对称数字用户环路。采用 ADSL 接入方式时,用户进入 Internet 前必须先在用户端安装 ADSL Modem 和以太网卡。

4. 有线电视入网

有线电视线路的频带一般为 Modem 的 100~1 000 倍。有线电视上网是利用有线电视线路作为连接 Internet 的媒介,通过 Cable Modem(电缆调制解调器)设备上网,远比拨号上网的速度快。利用有线电视上网的方式对有线电视网的要求非常高。一般情况下,有线电视的信号传输方向是下行的,但访问 Internet 时信号的传输方向是双向的,既有上行,也有下行,必须将有线电视改造为双向通信才能满足上网的要求。

用有线电视入网的方式时,连接进入 Internet 前必须先在用户端安装 Cable Modem 和以太网卡。

5. 光纤入网

光纤直接连接到用户桌面,提供光纤全业务上网服务,速率超过 100 Mbit/s,但费用昂贵。随着通信技术的发展和光纤设备价格的下降,光纤上网方式将成为未来的发展趋势。

6. 无线入网

用户终端网络交换结点采用无线手段的接入技术。进入 21 世纪后,无线接入 Internet 已经逐渐成为接入方式的一个热点。

在接入 Internet 之前,个人和企业用户都必须通过 ISP(即 Internet Service Provider,Internet 服务提供商)连接到 Internet 上,同时还要完成下面的工作:

(1)选择 ISP,申请上网账号。

(2)安装硬件(主要指 Modem)。

(3)安装软件(指 Internet 浏览器,通常为 Internet Explorer)。

(4)连接进入 Internet。

（二）拨号上网的设置

设置好调制解调器并与电话线正确连接后，用户就可以建立与 Internet的连接了。通过 Windows XP 提供的"新建连接向导"工具，用户可以非常方便地设置与 Internet 的连接，具体操作步骤如下：

1. 单击"开始"→"程序"→"附件"→"通信"→"新建连接向导"命令，打开"新建连接向导"之一对话框，如图 4-2 所示。

图 4-2　"新建连接向导"之一对话框

2. 该对话框告诉用户"新建连接向导"能帮助用户做哪些工作。单击"下一步"按钮，即可打开"新建连接向导"之二对话框，如图 4-3 所示。

3. 在该对话框中有"连接到 Internet"、"连接到我的工作场所的网络"、"设置家庭或小型办公网络"及"设置高级连接"4 个选项。这里用户需选择"连接到 Internet"选项，以建立与 Internet 的连接。

4. 单击"下一步"按钮，打开"新建连接向导"之三对话框，如图 4-4 所示。

5. 在该对话框中用户可选择"从 Internet 服务提供商（ISP）列表选择"、"手动设置我的连接"和"使用我从 ISP 得到的 CD"三种选项。这里

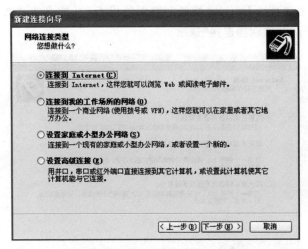

图 4-3 "新建连接向导"之二对话框

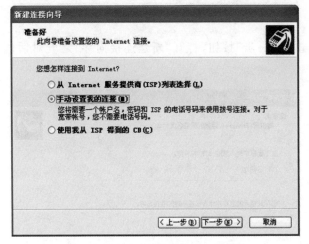

图 4-4 "新建连接向导"之三对话框

选择"手动设置我的连接"选项,单击"下一步"按钮,打开"新建连接向导"之四对话框,如图 4-5 所示。

6. 在该对话框中用户需选择连接到 Internet 的方式,在目前情况下一般用户使用的都是通过拨号调制解调器进行连接,不久的将来用户可能就会使用到通过 DSL、电缆调制解调器或 LAN 的高速连接。这里选择"用拨号调制解调器连接"选项。

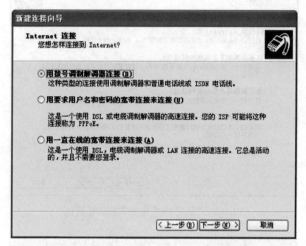

图 4-5　"新建连接向导"之四对话框

7. 单击"下一步"按钮，打开"新建连接向导"之五对话框，如图 4-6 所示。

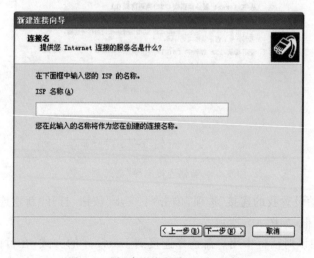

图 4-6　"新建连接向导"之五对话框

8. 在该对话框中用户需输入提供 Internet 服务的 ISP(Internet 服务提供商)的名称。若没有向 ISP 提出申请,也可以跳过这一步,通过匿名上网。注意:匿名上网就是不向 ISP 申请账号、密码等,而直接通过 ISP 提供的匿名上网服务与 Internet 连接,使用该方法上网,用户没有固定的 IP 地址,而是由 ISP 临时分配用户的 IP 地址。

9. 单击"下一步"按钮,即可打开"新建连接向导"之六对话框,如图 4-7 所示。

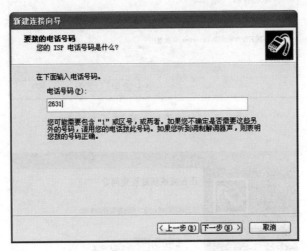

图 4-7 "新建连接向导"之六对话框

10. 在该对话框中用户需输入 ISP 的电话号码。若通过匿名上网,可输入提供匿名上网服务的 ISP 的电话号码,如 263 等。单击"下一步"按钮,打开"新建连接向导"之七对话框,如图 4-8 所示。

11. 在该对话框中,用户需输入 ISP 提供的用户名(账号)及密码等信息。若用户通过匿名上网,需输入提供匿名上网服务的 ISP 的用户名(账号)及密码,如通过 263 匿名上网,则用户名(账号)和密码均为 263。

12. 在设置好用户名(账号)后,还可选择是否让所有使用这台计算机上网的用户都使用该用户名(账号)、是否将其作为默认的 Internet 连接、是否启用该连接的 Internet 防火墙选项。单击"下一步"按钮,打开"新建连接向导"之八对话框,如图 4-9 所示。

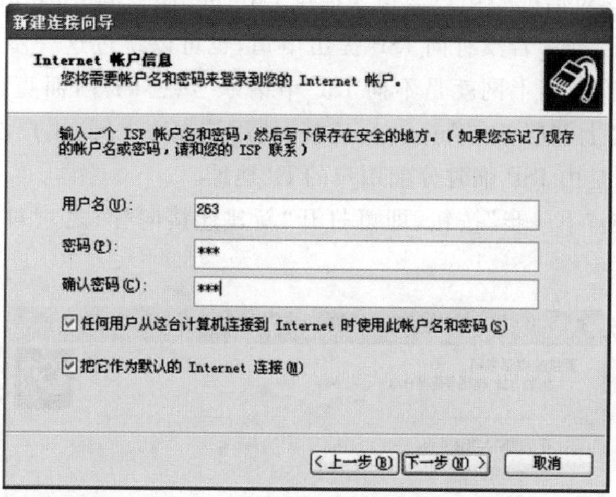

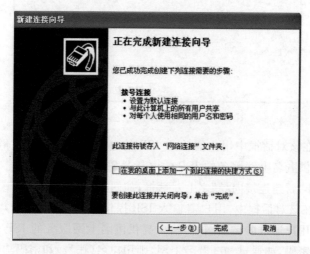

图 4-8 "新建连接向导"之七对话框

图 4-9 "新建连接向导"之八对话框

13. 该对话框提示用户已完成新建连接，用户若选中"在我的桌面上添加一个到此连接的快捷方式"复选框，则在桌面上建立一个该连接的快捷方式图标。

（三）拨号上网

在拨号网络建立连接之后，就可以通过 Modem 上网了。这时单击"开始"按钮，在弹出的"开始"菜单中会显示"连接到"命令。选择"连接到"→"拨号连接"命令，将弹出连接拨号连接对话框，如图 4-10 所示。

图 4-10 连接拨号对话框

在该对话框中，用户可在"用户名"和"密码"文本框中输入用户名及连接密码，单击"拨号"按钮，即可开始进行拨号连接，连接成功后就连接到 Internet 上，并将显示计算机与 Internet 连接的相关参数。

三、浏览 Internet

（一）打开 Internet Explorer

Internet Explorer（简称 IE），启动 Windows 下的 IE 浏览器的方法有两种。

1. 单击"开始"菜单中"程序"菜单里的 Internet Explorer 命令。

2. 双击桌面上的 Internet Explorer 图标。

启动 IE 后，如图 4-11 所示。

标题栏
菜单栏
工具栏

地址栏

工作区

状态栏

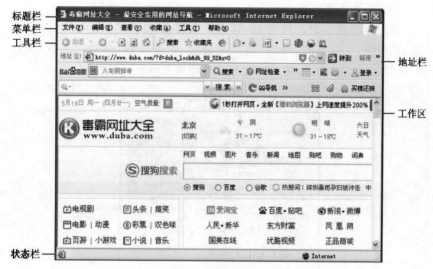

图 4-11   IE 的窗口

标题栏:用来显示网页的名称和 Microsoft Explorer 的标记。

菜单栏:单击其中的菜单项,其中包括"文件"、"编辑"、"查看"、"收藏"、"工具"、"帮助"等 6 大菜单。

工具栏:在菜单栏下方,IE 中的许多功能可通过它来完成。

地址栏:用来输入所要访问的站点地址。

工作区:显示当前网页的内容。

状态栏:用来显示当前网页打开的状态。当用鼠标指向网页上的某一超级链接时,状态栏内将显示链接到的网址。

(二)输入网址打开网页

如果用户想要访问 Web 地址时,可在"地址"编辑栏中输入想要访问的站点地址。例如:http://www. sina. com. cn。输入完成后回车即可进入图 4-12 所示画面。

当同一窗口内打开多个网页时,可以利用工具栏中的标准按钮,如图 4-13 所示。

各按钮功能见表 4-1。

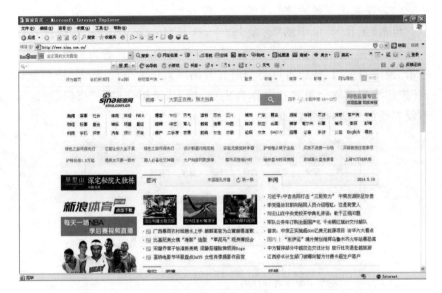

图 4-12　打开的网页

前进　停止　刷新　主页　　　　　历史　邮件　打印　编辑

图 4-13　工具栏

表 4-1　各按钮功能表

按钮名称	功　　能	按钮名称	功　　能
后退	返回到前一显示页	收藏	查看收藏夹中的站点
前进	转到下一页	历史	查看最近访问过的站点
停止	立即终止浏览器对某一链接的访问	邮件	启动 Outlook Express
刷新	重新加载当前页	打印	打印当前页
主页	返回到 IE 启动时的第一个网页	编辑	显示当前页的 HTML 源代码
搜索	显示"搜索"窗格,并开始 Web 搜索		

（三）设置主页的方法

单击"工具"菜单中的"选项"命令，打开"Internet 选项"对话框如图 4-14 所示，在"常规"选项卡的"地址"文本框内输入要设置为主页的地址。单击"使用当前页"按钮可以将当前打开的网页作为主页，单击"使用默认页"按钮将把微软公司的首页作为主页，单击"使用空白页"按钮，则表示不设置任何主页，即空白页。

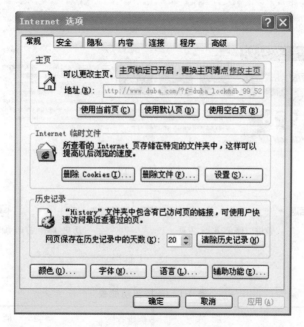

图 4-14　Internet 选项

（四）转到指定网页

在"查看"菜单中选择"转到"选项，将弹出一个子菜单，从中可以转到当前网页的前一页、后一页、主页或者已打开的某一页。

（五）网页的全屏浏览

单击"显示"菜单下的"全屏"命令，可以将网页设为全屏显示状态。

（六）脱机浏览

脱机浏览就是在计算机与 Internet 断开连接的情况下浏览网页，方法是:单击"文件"菜单中的"脱机工作"命令。

第三节　网上信息搜索和下载

Internet 是一个丰富的信息资源库,若想获取有用的信息,就需要一种优异的搜索服务将网上繁杂的内容整理成为可随心使用的信息。Internet提供了强有力的搜索工具即搜索引擎,本节将介绍如何使用搜索引擎,以及经常使用的著名的搜索引擎查找所需的信息,然后利用工具将信息保存下来或下载下来。

一、网站内部搜索

在一些大型网站,通常在首页的醒目位置上看到搜索栏。如图4-15所示为太平洋电脑网软件资讯频道提供的搜索栏。用户只需将搜索的关键词输入到搜索栏内,单击"搜索"按钮,就可以快速看到自己想要的信息。

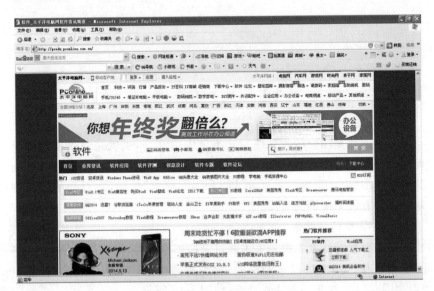

图 4-15　网站内部搜索

二、著名搜索引擎

（一）Google

Google 是世界上著名的搜索引擎之一，其网址为：http://www. google. com. hk/，如图 4-16 所示。

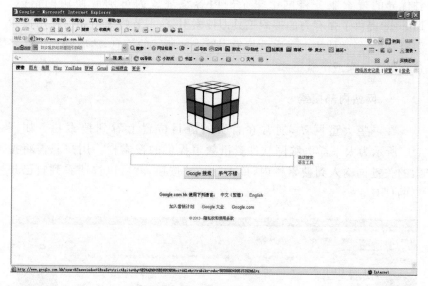

图 4-16　Google 搜索引擎

1. 按关键词搜索

关键词就是用户输入到搜索文本框中的文字，也就是命令搜索引擎查找的内容。如图 4-17 所示，在搜索文本框中输入要查找的关键词"动车组"，选中"中文页面"，然后单击"Google 搜索"按钮，在打开的页面中列出了含有该关键词的页面。

2. 按分类目录搜索

搜索引擎网站事先把相关主题目录按属性分类，组成层次结构，并与网址相链接。用户可以逐步深入，找到所需信息。单击 Google 首页中"更多"超链接，打开分类搜索页面，如图 4-18 所示。

图 4-17　按关键词搜索

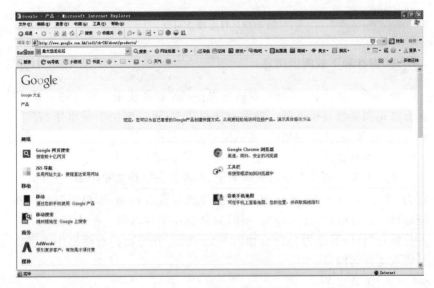

图 4-18　Google 分类搜索页面

（二）百度

百度是国内著名的中文搜索引擎，其网址为：http://www.baidu.com，如图 4-19 所示。百度搜索引擎的使用方法与 Google 类似。

图 4-19　百度搜索引擎

三、保存和下载网上信息

找到所需的信息后，就可以将它保存起来以备使用。常用的下载、保存方法是浏览器直接下载。这种方法很简单，可以轻松下载电影、音乐、软件、图片等，因此应用很广，这里简单介绍几种。

（一）下载图片

在要下载的图片上单击鼠标右键，在弹出的快捷菜单中单击"图片另存为"选项，在打开的"另存为"对话框中选择保存的路径，单击"保存"按钮即可。下载电影、音乐等也一样，只是要在文件名称上单击鼠标右键，并且执行"目标另存为"命令，如图 4-20 所示，在弹出的对话框中选择路径输入文件名即可。

（二）下载文字

在打开的网页中，拖曳鼠标选中所需的文字内容，然后在选中的黑色区域内单击右键,选择快捷菜单中"复制"命令,然后在打开的文字处理软件中(如 Word 2003)进行粘贴操作,最后保存该文档即可,如图 4-21 所示。

图 4-20　下载图片"动车组"

图 4-21　下载文字

（三）下载网页

在打开的网页中，执行"文件"→"另存为"菜单命令，设置保存路径后，保存类型为"网页"，单击"保存"按钮，就完成了网页保存的操作。

第四节　电子邮件的基本操作

电子邮件（E-mail），是通过 Internet 邮寄的电子信件，是通过传输介质来传递信息的，它所表达的信息量大，与一般信件相比，它的传送速度要快得多，可以在瞬间收到对方的来信，因此成为人们现在最常用的通信手段。本节我们主要讲述如何用 Outlook Express 收发电子邮件，如何申请一个免费电子邮箱。

一、Outlook Express 的使用

Outlook Express 是一种专门处理电子邮件和新闻组的应用程序，用它可以方便地撰写、发送邮件，管理邮件账号以及回复和阅读新闻组。

如果在计算机上安装了 IE 或 Windows XP 后，可以双击任务栏或桌面上的图标，或者单击"开始"按钮，选择"程序"菜单下的 Outlook Express命令就可以启动 Outlook Express。启动后的窗口如图 4-22 所示。

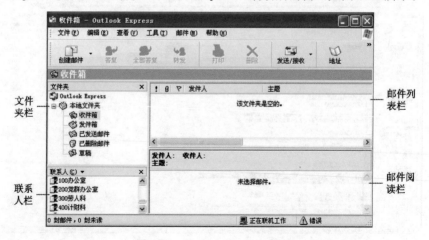

图 4-22　Outlook Express 窗口

文件夹栏:有"收件箱"、"发件箱"、"已发送邮件"、"已删除邮件"等多个文件夹,单击某一文件夹,就在邮件列表栏内显示相应文件夹中的内容。

联系人栏:用来收集联系人的地址。

邮件列表栏:用来显示文件夹中的邮件。

邮件阅读栏:当选中了某个邮件之后,就可以在该栏中阅读该邮件的相应内容。

(一)添加邮件账号

使用电子邮件的主要条件是有一个电子邮箱,电子邮箱是 ISP 专门用来存放邮件的地方。每一个电子邮箱都有一个地址,它称为电子邮件地址,它的格式是:用户名@主机名。

其中用户名是主机为用户所建立的账户名;主机名是拥有 IP 地址的服务器在 Internet 的中文名字,这是唯一的;"@"符号读作"at",表示某台主机上的一个用户。

我们在使用 Outlook Express 收发电子邮件之前,必须添加邮件账户,操作步骤是:

1. 单击"工具"菜单中的"账户"命令,打开"Internet 账户"对话框,如图 4-23 所示。

图 4-23 "Internet 账户"对话框

2. 单击选择"邮件"选项卡。单击"添加"按钮,在弹出的子菜单中选择"邮件"命令,这时窗口内显示出"Internet 连接向导"对话框,在"显示姓名"框中输入姓名,作为外发邮件时显示的"发件人"姓名,如图 4-24 所示。

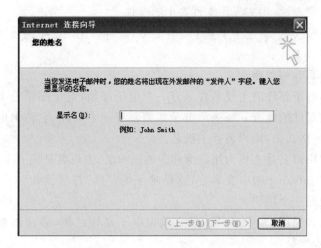

图 4-24　"Internet 连接向导"对话框

3. 单击"下一步"按钮,弹出的对话框中输入已经存在的一个电子邮件地址。接着单击"下一步"按钮,在打开的对话框内输入接收服务器的地址和外发服务器的地址。继续单击"下一步"按钮,接着在对话框内输入邮箱的账号名和密码。

4. 单击"下一步"按钮,"Internet 连接向导"将显示设置完成的字样。单击"完成"返回到"Internet 账号"对话框,可以看到在"邮件"选项卡内多了一项刚才添加的邮件账号,如图 4-25 所示。

(二)撰写与发送邮件

1. 单击工具栏中的"新邮件"按钮,弹出如图 4-26 所示的"新邮件"窗口。

2. 在"发件人"框内已经显示了默认的邮件账号的地址,在"收件人"框内输入收件人的地址,在"抄送"框内输入邮件同时发送到的地址。在"密件抄送"框中输入电子邮件地址,邮件将同时发给收件人和密件抄送人,如图 4-26 所示。

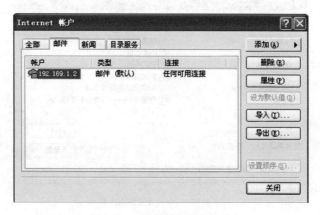

图 4-25　新添加的邮件账号

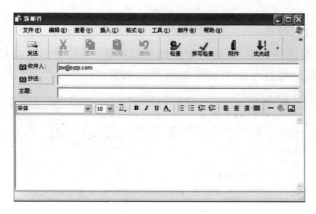

图 4-26　新邮件窗口

　　抄送人和密件抄送人都能和收件人同时收到邮件,它们的区别在于:收件人能够知道抄送人是谁,但是却不知道密件抄送人是谁。

　　3. 在"新邮件"窗口的正文输入区内输入邮件的内容。

　　4. 附件是随同邮件正文一起发送的文件,单击"插入"菜单中的"文件附件"命令,将打开"插入附件"对话框,如图 4-27 所示。选择要插入的文件,然后单击"附件"按钮。

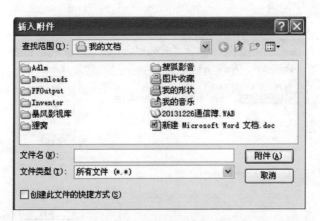

图 4-27　插入附件对话框

5. 邮件撰写好之后,单击"发送"按钮,该邮件将即刻发送到指定的地址。

(三)回复邮件

1. 在邮件列表中,单击选中要回复的邮件,然后单击工具栏内的"回复作者"按钮,将打开一个如图 4-28 所示的窗口。

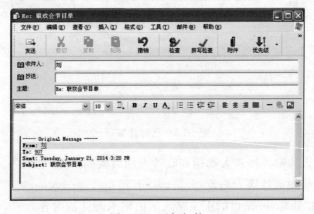

图 4-28　回复邮件

2. 其中"收件人"框已自动填上了收件人的地址,主题显示"Re:原邮件主题"的形式。如果需要,可以对主题进行修改。在邮件的正文区内会附上原邮件的内容。

3. 写完要回复的邮件后,单击工具栏中的"发送"按钮。

二、免费电子邮箱的使用

向 ISP 注册账号后,一般可以得到一个电子邮箱的用户名和密码。没向 ISP 注册账号的用户可以通过使用免费的电子邮箱来收发电子邮件。

(一)申请免费的电子邮箱

现在很多网站上都给用户提供了免费邮箱服务,申请的方法也很简单。申请免费邮箱首先要得找到一个提供免费电子邮箱的网址,下面以 http://www.163.com 为例,向大家介绍申请免费电子邮箱的操作步骤。

1. 将计算机连入 Internet 后,打开 IE 浏览器,在地址栏内输入 http://www.163.com 进入首页,如图 4-29 所示。

图 4-29　进入 163 网站

2. 单击"注册",在出现的免费信箱的服务条款窗口中,仔细阅读条款协议后,单击"我同意"按钮,在出现的网页中输入用户名,如图 4-30 所示。

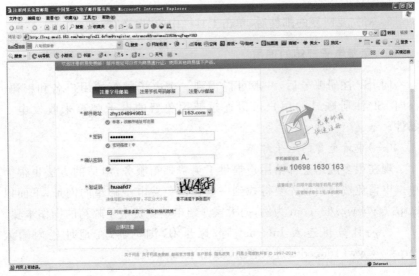

图 4-30　注册页面

3. 点击"立即注册",出现如图 4-31 所示页面。

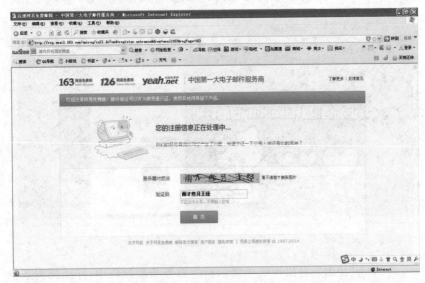

图 4-31　注册信息处理

4.填写完毕后单击"提交"按钮,出现了如图 4-32 所示的网页,用来提示注册成功,并显示所注册的邮箱地址及用户名。

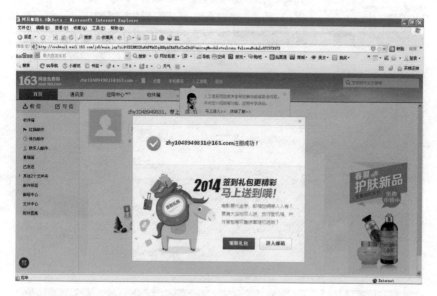

图 4-32　注册成功

5. 单击"进入"即可进入自己刚申请的邮箱中。

(二)使用免费电子邮箱

如果想进入自己所申请的邮箱,先进入 163 网站的首页,在首页左上角的"用户名"文本框内输入用户名,在"口令"文本框内输入用户密码,输入完毕后,单击"登录"按钮。如图 4-33 所示。

如果用户名与密码无误,即可进入网易通行证服务网页。单击下面的"163.com 免费邮箱"项,即可进入邮箱读取邮件,里面有免费邮箱,内含收邮件、发邮件、新邮件短信通知、手机短消息等;有文件夹,内含收件箱、发件箱、垃圾箱等,还有一些其他选项。如图 4-34 所示。

用免费邮箱收发邮件与前面所介绍的 Outlook Express 收发邮件的操作方法类似,在此不再重复讲述。

图 4-33　邮箱登录

图 4-34　收件箱

第五章　Photoshop CS3 基础

本章节主要介绍 Photoshop CS3 的基本概念、工具箱中各工具的功能及使用方法。学习的目的是掌握 Photoshop CS3 的基本功能。

第一节　矢量图形与位图图形

矢量图形在数学上定义为一系列由线连接的点。所占用的磁盘空间相对较小，且与分辨率和图形尺寸无关。矢量图形的文件大小主要视图形的复杂程度而定，例如一个大海报，上面只勾勒了几个简单的图形，而一张邮票，上面有比较复杂的图形，则邮票可能比海报占用的磁盘空间要大得多。

位图图形又称为点阵图，由众多不同颜色的像素组成，数码照片即属于位图图形。位图图形与分辨率有关，因此，如果在屏幕上以较大的倍数放大显示或以过低的分辨率打印，位图图形就会出现锯齿边缘。

一、图像大小和分辨率

一般提到图像大小的时候都是用厘米（cm）或英寸（inch）等计量单位来衡量的，但是在电脑中所提到的图像大小却是以像素（pixel）为单位来衡量的。

二、分辨率

分辨率是指在单位长度内所含像素的多少。通常大家会认为分辨率就是指图像的分辨率，而实际上分辨率有很多，包括图像分辨率、设备分辨率、屏幕分辨率、位分辨率、输出分辨率等。

三、色相

色相是色彩的首要特征，是区别各种不同色彩的最准确标准。事实上任何黑白灰以外的颜色都有色相的属性，而色相也就是由原色、间色和复色相构成的。

四、饱和度

饱和度是指颜色的鲜艳程度，也可以称为色彩的纯度。比如十分鲜艳的红色和暗红色它们的饱和度是不同的。饱和度越高，色彩就越鲜艳。

五、明度

明度是指颜色的明暗程度。比如说黄色比蓝色要亮一些。

六、颜色

颜色则是综合了色相、饱和度和明度这三项，有时也称为色彩。当色相、明度和饱和度不同时，产生的颜色也不相同。可见光中的大部分颜色都可由红（Red）、绿（Green）、蓝（Blue）三原色按不同的比例混合而成。三种光以相同的强度混合，就产生了白色。而完全没有光，在人眼看来则是黑色。

七、图层蒙版

图层蒙版就好像在一幅画上面撒上一层细沙子。细沙把底图遮盖住，它就相当于蒙版。如果你想把底图的一部分显现出来，就可以用手指（相当于使用蒙版时的画笔，且前景为黑）把细沙划去一些；如果想再把显出来的一部分盖住则又可以在上面撒上一层沙子（相当于前景色设为白色，用画笔涂抹）。

八、几种常见图像格式

PSD：是 Photoshop 软件自身专用的格式。

JPEG：是一种有损压缩格式，它是所有压缩格式中较卓越的，JPEG

图像在打开时会自动解压缩。高等级的压缩会导致较低的图像品质，低等级的压缩则产生较高的图像品质，这就以磁盘空间大小为代价。

　　GIF：GIF 格式的文件是 8 位图像文件，几乎所有的软件都支持该文件格式。这种格式的文件大多用于网络传输，可以将多张图像存为一个文档，形成动画效果。

　　BMP：是 Bitmap 的缩写，它是微软公司的自身图像格式，可以用于绝大多数 Windows 下的应用程序。

第二节　Photoshop CS3 操作界面

　　启动 Photoshop CS3 应用程序，就可进入到其操作界面。系统默认的界面中包括菜单栏、工具箱和各种调控面板工具。如图 5-1 所示。

图 5-1　中文版 Photoshop CS3 操作界面

一、菜单栏

菜单栏位于标题栏的下方。包括文件、编辑、图像、图层、选择、滤镜、分析、视图、窗口和帮助 10 项内容,这 10 项内容包括 Photoshop 的全部命令,常用的为以下几项:

"文件"菜单包括常见的文件操作命令。比如打开、存储、导入文件等。

"编辑"菜单包括编辑、修改选定对象和对选择范围本身进行操作的命令。

"图像"菜单包含了各种处理图像颜色、模式的命令。

"图层"菜单提供了丰富的图层管理功能,如图层的创建、复制、删除、合并等。

"选择"菜单提供了选择对象及编辑、修改选择范围的命令。

"滤镜"菜单主要对图像进行特殊处理,使图像产生特殊效果。

"窗口"菜单提供了控制工作环境中窗口的命令。

二、工具箱

工具箱默认位置在桌面的左侧,但可以根据需要随意移动。工具箱中包含了 40 余种工具,若要选择这些工具,只要用鼠标左键单击工具箱中的按钮即可。在工具箱中,有的工具图标的右下角有一个黑色的小三角,这表示该工具下还有隐藏工具。用户可以将鼠标指针移到下三角处单击右键,就会弹出隐藏工具的拉出式菜单,然后拖曳光标到需要使用的工具图标上单击就可以选择该工具了。拉出式菜单中的项目前面有黑点表示当前所选择的项。具体如图 5-2 所示。

三、属性栏

选择工具箱中的任一一个工具后,都会在 Photoshop CS3 的界面中出现该工具的属性栏。例如,选择工具箱中的"磁性套索工具",将出现磁性套索工具的属性栏。如图 5-3 所示。

Photoshop CS3 的属性栏对于处理图像能起到至关重要的作用,用户可以通过对工具的设置来使处理的图像产生不同的效果。

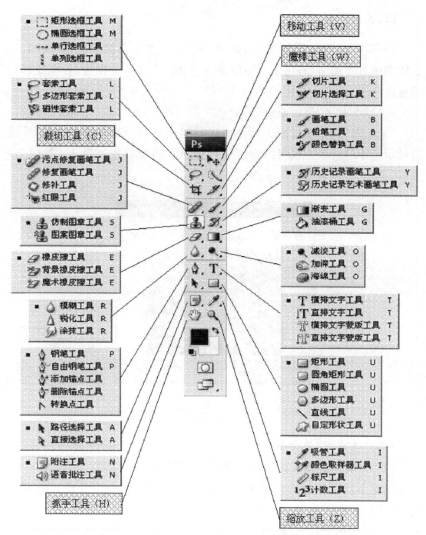

图 5-2　Photoshop CS3 工具箱

图 5-3　"磁性套索工具"属性栏

四、调控面板

Photoshop CS3 调控面板是处理图像时一个不可缺少的部分。它主要用来放置常用命令,用于对图像进行操作。为了方便操作,各调控面板还可进行折叠、组合变化。

(一)"导航器"调控面板

"导航器"调控面板用于对图形进行缩放显示。对于较大的图形,拖动显示框中的红色方框可以在工作区中显示图像的各个部分。如图 5-4 所示。

图 5-4 "导航器"调控面板

(二)"直方图"调控面板

"直方图"调控面板用来查看图像的色调和颜色信息。默认情况下,直方图显示整个图像的色调范围。若要显示图像某一部分的直方图数据,必须先选择该部分。

(三)"信息"调控面板

"信息"调控面板用来显示所选部分的色彩信息。

(四)"颜色"调控面板(窗口菜单下)

"颜色"调控面板可以通过滑块选择颜色,也可以直接在右边的文本框中输入颜色值,或在面板下方的颜色条中单击需要的颜色。

（五）"色板"调控面板

"色板"调控面板就是一个颜色库，其中保存着一些系统预定义好的颜色样本，直接单击其中的颜色块就可以选择所需颜色。

（六）"样式"调控面板

"样式"调控面板中存放着图层样式。单击其中的选项，就会把所选样式加入到当前的操作图层中。

（七）"图层"调控面板

"图层"调控面板可对图像中的各图层方便地操作。比如改变两个图层的叠放次序。"图层"在 Photoshop 软件处理图像中占有特殊位置，可以说图层是 Photoshop 图像处理的基础。它将不同图像放在不同层面上分别处理，然后组成一幅合成的图像，对某一层面的图像进行编辑和修改，不会影响到其他层面上的图像，每一个图层就好比一张透明的纸，可以在透明纸上画画，未画的部分保持透明，再将这些透明纸叠加起来就产生完整的图像。图层调板中的主要内容如图 5-5 所示。

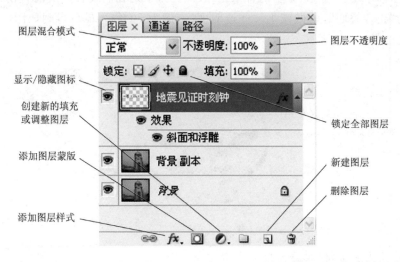

图 5-5　"图层"调控面板

下面我们举一个例子：将如图 5-6 所示的金鱼放入如图 5-7 所示的鱼缸中，体会一下图层混合模式的功能，具体步骤如下：

图 5-6　载入的图片　　　　　　图 5-7　载入的图片

1. 在 Photoshop CS3 操作界面,分别打开"鱼缸"和"金鱼"两幅素材图片。

2. 在工具箱中选择"移动工具",按住左键拖动"金鱼"图片到"鱼缸"图像中,并适当调整大小及位置。

3. 由于"金鱼"素材的背景是纯白色的,于是我们设置图层混合模式为"正片叠底",稍微减小一些透明度(本例为 70%)。最后得到如图 5-8 的效果。

图 5-8　最终效果

(八)"通道"调控面板

"通道"调控面板用于存放图像中的颜色信息。

(九)"路径"调控面板

"路径"调控面板用于绘制矢量图形。

（十）"历史记录"调控面板

历史调控面板是 Photoshop CS3 的一项重要而且非常有用的功能。它所完成的主要功能就是历史记录。使用历史调控面板的功能，可以轻松地进行多次操作的恢复。

使用历史调控面板可以跳到当前工作阶段中创建图像的任何状态。每次对图像进行的更改，其新状态就被添加到历史记录调板中。

单击任何一个状态，图像就恢复到该更改第一次应用时的样子，然后又可以从这一状态开始工作。比如你操作几步后，感觉刚才几步操作不满意，就可以回到刚才最初的状态。具体如图5-9 所示。

图 5-9 "历史记录"调板

第三节 工具箱常用工具简介

工具是和其工具属性相联系的，因此在使用工具时，特别应注意其属性设置。

一、选框工具组

选框工具组包括矩形选框、椭圆选框、单行选框和单列选框 4 种。比如选择"矩形选框工具"后，工具属性栏如图 5-10 所示：

图 5-10 "矩形选框工具"属性栏

属性栏左侧为选择方式按钮，右侧为选择方式，分别为新选区 ■、添加到选区 ■、从选区减去 ■、与选区交叉 ■（这和我们数学集合中的交、并、补的概念相似）。

羽化参数用于设定选区的边界的羽化程度。"消除锯齿"复选框只有

"椭圆工具"可用。"套索工具"和"魔棒工具"复选框亦可用,属性和使用方法均相同。

使用选框工具组中的工具,可以在图像或图层中创建矩形、椭圆、圆形等虚线围成的选区。

例如:我们要产生虚化的图像,通过"椭圆选框"工具和"羽化"功能即可实现。具体操作步骤如下:

1. 执行"文件"→"打开"命令,打开一幅需要产生虚化的图像,如图5-11 所示。

2. 选择"椭圆选框"工具,并在其属性栏中设置羽化值为 30px,然后在图像中拖拉鼠标,绘制椭圆选区。

3. 设置前景色为黑色,背景色为白色。

4. 按【Ctrl+ Shift+I】组合键,将选区反选,然后按【Delete】键将选区填充背景色。

5. 按【Ctrl+D】组合键,取消选区,最后效果如图 5-12 所示。

图 5-11　载入的图片

图 5-12　最终效果

二、套索工具组

使用"套索工具",可以让用户方便地建立一些不规则的选区。

套索工具组包括套索工具、多边形套索工具和磁性套索工具三种。

套索工具:可以在图像中,或在一单独的图层中,以自由的手控方式选出不规则的形状选区。

多边形套索工具:该工具用来选取无规则的多边形图像。其工具属性与套索工具内容相同。使用多边形套索工具时,在图像或图层上,按要求的形状单击鼠标左键,所点击的点成为直线的拐点,最后当双击左键时,会自动封闭多边形,并形成选区。按【Delete】键可以删除拐点。

磁性套索工具:用来选取无规则的,但形状与背景反差大的图像建立选区。磁性套索工具属性栏如图 5-13 所示。

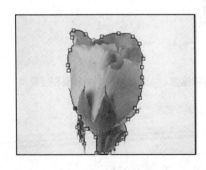

图 5-13　"磁性套索工具"属性栏

宽度用于设定检测范围,磁性套索工具将在这个范围内选取反差最大的边缘;数值越大,则要求边缘与背景的反差越大;频率参数用于设定标记关键点的速率,数值越大,标记速率越快,标记点越多。当所选区域边界不太明显时,使用磁性套索工具可能无法精确识别选区边界。这时,可按下【Delete】键,删除系统自动定义的节点,然后在选区边界用手工定义节点,从而精确定义选区。当使用磁性套索工具时,按住【Alt】键,磁性套索工具可暂时变为套索工具。

比如:选取图中的花朵,其形状极不规则,我们就可以用"磁性套索工具",具体操作步骤如下:

1. 打开花朵图片,选择"磁性套索工具",设置羽化值为 0px。

2. 在花朵边沿单击鼠标,形成一起点,然后沿着花的轮廓拖动鼠标,就会自动形成一条连贯的点阵线,如图 5-14 所示。

3. 当鼠标回到起点,单击即可形成选区,如图 5-15 所示。

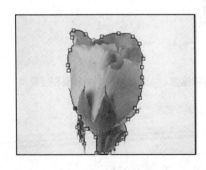

图 5-14　选取过程　　　　　　图 5-15　形成选区

三、魔棒工具

魔棒工具属于根据色彩范围建立选区的工具。选取工具箱中的魔棒工具，然后在图像编辑窗口中单击所选区域中的一点，图像中与该点颜色相似的区域即被选中。单击点不同，选择区域也不同。

容差用于设置颜色选取范围，取值范围 0～255。数值越小，则选取的颜色越接近，选取范围越小。选项在默认的情况下被选中连续，表示仅选取与选取点颜色相似的连续区域。如果取消此选项，则系统对整个图像进行分析，选取与选取点相近的全部区域。

魔棒工具是应用非常广泛的选择工具，特别适用于背景色彩反差大的选取。

如图 5-16 所示，要将圣诞老人放入另一背景图中，就需要选中圣诞老人，复制粘贴到别处。由于圣诞老人周围都是淡粉红色，采用魔棒工具就比较容易。对魔棒工具进行如图 5-17 所示设置，然后单击淡粉红色处，最后按【Ctrl＋Shift＋I】组合键进行反选，即可选取圣诞老人。

5-16　载入的图片

图 5-17　"魔棒工具"属性栏

四、裁切工具

裁切工具可以在图像中或图层中剪裁所选定的区域。图像区域选定以后,在选区边缘将出现 8 个控制点(图 5-18),用于调整选区的大小和旋转选区。选区确定以后,双击选区或单击工具箱中其他任一工具,在弹出的提示信息框中,单击"裁剪"按钮即可。直接按【Enter】键也可。

图 5-18　裁切工具在图像上画出选区

在裁切工具属性栏中,宽度和高度参数用来设置裁切的大小,"清除"按钮用于清除所有设置,分辨率参数用于设置剪裁下来的图像的分辨率。如图 5-19 所示。

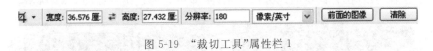

图 5-19　"裁切工具"属性栏 1

裁切区域确定后,裁切工具属性栏显示所示状态。其中裁切区域选项用于删除裁切或者隐藏裁切。屏蔽复选框用于设置是否区别显示裁切与非裁切的区域,颜色选项用于设置非裁切区的显示颜色。不透明度参数设置非裁切区的透明度。透视复选框用于设定图像或裁切区的中心点。如图 5-20 所示。

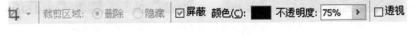

图 5-20　"裁切工具"属性栏 2

五、图像修复工具组

这组工具包括污点修复画笔工具、修复画笔工具、修补工具和红眼工具四种。

（一）污点修复画笔工具（去除瑕疵）

污点修复画笔工具（图 5-21）最大的优点就是不需要定义原点，只要确定好要修补的图像的位置，Photoshop 就会从所修补区域的周围取样进行自动匹配。也就是说只要在需要修补的位置画上一笔然后释放鼠标就完成了修补。该工具用于校正瑕疵，使之消失。

图 5-21　"污点修复画笔工具"属性栏

为了使 Photoshop CS3 在自动取样时更加准确，笔刷大小应比想要去除的污点略微大一点，并且将画笔的硬度值调小点，增加柔边效果，使修复后的效果更加自然。具体操作步骤如下：

1. 打开生有铁锈门的图片。如图 5-22 所示。

2. 选择"污点修复画笔工具"工具，在其属性栏中分别设置画笔直径、硬度、间距等。如图 5-21 所示。

3. 然后在有铁锈的地方拖动鼠标，即可去掉铁锈。如图 5-23 所示。

图 5-22　载入的图片

图 5-23　最终效果

（二）修复画笔工具（去除粉刺）

操作的方法与仿制图章工具相似。按住【Alt】键，在修饰区域周围点击相似的色彩或图案采样，然后在需要修饰的区域拖动鼠标即可。修复画笔工具与修补工具一样，也具有自动匹配颜色的功能，可根据需要进行选用。

　　具体操作步骤如下：

　　1. 打开需要修复粉刺的照片。如图 5-24 所示。

　　2. 使用缩放工具将粉刺部位放大。

　　3. 选择"修复工具"，设置好画笔大小（比粉刺大小略大即可）、硬度。

　　4. 按住【Alt】键，用鼠标在粉刺周围单击，进行取样，然后松开按键，单击粉刺处即可。最后效果如图 5-25 所示。

　　　图 5-24　载入的图片　　　　　　　　图 5-25　最终效果

　　（三）红眼工具

　　数码摄像中经常出现红眼现象。许多内嵌式闪光灯照明更容易产生红眼，当闪光照到视网膜上，反射产生了红眼现象。利用"红眼工具"（图 5-26）即可修复。具体操作步骤如下：

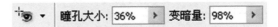

图 5-26　"红眼工具"属性栏

　　1. 打开需要修复红眼的照片如图 5-27 所示。

　　2. 定位到眼睛部位，并使用缩放工具将人物的眼睛部位放大。

　　3. 选择"红眼工具"，设置好瞳孔大小和变暗量，本例设置如图 5-26 所示。在红眼部位进行单击即可。最后效果如图 5-28 所示。

图 5-27　载入的图片

图 5-28　最终效果

六、绘画工具组

绘画工具组包括画笔、铅笔和颜色替换三种工具。前两种画笔都可以在图像上用前景色绘画,但产生的效果不同。画笔工具(图 5-29)产生柔和描边,而铅笔工具产生硬且清晰的描边。

图 5-29　"画笔工具"属性栏

使用铅笔工具或画笔工具的操作步骤如下:

1. 设定前景色。Photoshop 使用前景色绘画、填充和描边。使用背景色生成渐变填充,并在图像的抹除区域内填充。

用户可以用"吸管工具"、"颜色调板"、"色板调板"或拾色器中指定前景色或背景色。默认的前景色为黑色,背景色为白色。选择画笔工具或铅笔工具。

2. 在属性栏中选取预设的画笔,设置混合模式,指定不透明度。对于铅笔工具,选中"自动抹掉"复选框,可在包含前景色的区域绘制背景色。

3. 在图像中拖曳鼠标进行绘画。直线绘制时可在图像中单击起点,然后按住【Shift】键,并单击终点,即得到直线。如在空白文档上绘制一些枫叶,就可采用画笔工具。具体操作步骤如下:

（1）新建一空白文档。

（2）选择画笔工具，设置好前景色和背景色，以及画笔的大小、类型（本例选择散布枫叶）。如图 5-30 所示。

图 5-30　"画笔工具"属性设置

然后在空白文档上单击或拖曳鼠标，即可绘制出散布的枫叶。如图 5-31 所示。

图 5-31　最终效果

七、图章工具组

（一）仿制图章工具（图 5-32）

选择图章工具，可用图像的样本来绘画。从图像中取样，然后将样本应用到其他图像或其他部分区域。仿制图章工具属性栏中，"模式"用于设置复制图像与源图像混合的方式。勾选"对齐"选项，则鼠标每完成一次操作后松开鼠标，当前的取样位置不会丢失，仍能将未复制完成的图像按原取样位置的样本复制完成，并且不会错位。

图 5-32　"仿制图章工具"属性栏

若不选该项，则每次复制时，都是从按住【Alt】键重新取样的位置开始复制。使用"仿制图章工具"的操作步骤如下：

1. 选择"仿制图章工具"。

2. 在属性栏中选择笔尖并设置"模式"、"不透明度"和"流量"等画笔选项。

3. 确定对齐样本像素的方式。

4. 在属性栏中选中"用于所有图层"复选框,可以从所有可视图层取样,取消选择"用于所有图层"复选框,将只从当前的图层取样。

5. 在任意打开图像中定位鼠标指针,然后按住【Alt】键,单击鼠标左键,设置取样点。

6. 在校正的图像部位点击鼠标左键或拖曳鼠标。

我们可以利用仿制图章工具(图 5-33)来修饰眼袋,具体操作步骤如下:

1. 打开一幅需要修饰眼袋的照片,如图 5-34 所示。选择"仿制图章工具",从属性栏的"画笔选取器"中选择柔角画笔,画笔的宽度略等于要修饰区域的一半或更小一些,硬度 10%左右。

2. 在"仿制图章工具"属性栏中将"不透明度"下降到 50%,模式改为"变亮度"。如图 5-33 所示。

3. 按住【Alt】键,在眼袋附近不受影响的区域内取样。

4. 在眼袋上涂抹,即可去除眼袋。如图 5-35 所示。

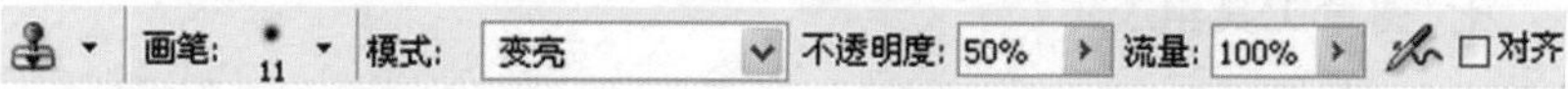

![画笔: 11 模式: 变亮 不透明度: 50% 流量: 100% □对齐]

图 5-33　"仿制图章工具"属性设置

图 5-34　载入的图片

图 5-35　最终效果

（二）图案图章工具

图案图章工具可以利用从图案库中选择的图案，或者自己创建的图案绘画。使用图案图章工具的操作步骤如下：

1. 选择图案图章工具。

2. 在属性栏中选择笔尖并设置"模式"、"不透明度"和"流量"等画笔选项。

3. 属性栏中选中"对齐"复选框，这样可以对像素连续取样，而不会丢失当前的取样点，即使放开鼠标也是如此。

4. 在属性栏中选择图案（图案可通过"编辑"菜单的"定义图案"来生成）。

5. 如果用户对图案应用印象派效果，可选中"印象派"复选框。

6. 在图像中点击鼠标左键或拖曳鼠标，即可使用该图案作画。

八、橡皮擦工具组（图 5-36）

橡皮擦工具组包括橡皮擦工具、背景色橡皮擦工具和魔术橡皮擦工具三种。

图 5-36　"橡皮擦工具"属性栏

三种擦除工具都具有擦除图像局部或全部的功能。当用户在图像中拖曳鼠标时，橡皮擦工具会更改图像中的像素，如果用户正在背景中或在透明被锁定的图层中工作，像素将被更改为背景色，否则将抹成透明。如果勾选"抹到历史记录"选项，用户还可以使用橡皮擦，使受影响的区域恢复到历史记录调板中选中的状态。

下面我们利用橡皮擦工具来实现两张图片的组合。具体操作步骤如下：

1. 打开两幅图片——风景和荷花，并放于同一文档中，将荷花图层置于风景图层上方。由于大小一致，风景图层完全被覆盖。

2. 选择"魔术橡皮擦工具"，在其属性栏中设置容差 40，选中"连续"，不透明度为 100%，然后单击花朵周围的青色。于是相应部分的风景图片内容就显示出来了。

3. 然后将荷花图层的不透明度设置为 50％，最终形成虚幻的效果。如图 5-37 所示。

5-37　　最终效果

九、涂抹工具组

该工具组包括模糊工具、锐化工具和涂抹工具三种。利用这三种工具可以对图像细节进行局部修饰，使用方式都是在需要的地方拖曳鼠标即可。其中模糊工具可以柔化图像中硬边缘或区域，从而减少细节。锐化工具可以聚焦软边缘，以提高清晰度和聚焦程度。涂抹工具可以模拟在湿颜料中拖曳手指的动作，该工具可拾取描边开始位置的颜色，并沿拖曳方向展开这种颜色。三种工具的选项基本相同。具体实现的效果区别如图 5-38 所示。

　(a)模糊工具处理　　　　　(b)锐化工具处理　　　　　(c)涂抹工具处理
图 5-38　效果比较

模糊工具：可柔化图像中的某些部分，使其显得模糊。

锐化工具:通过将色彩变强烈,使得色彩柔和的边界或区域变得清晰化,起到一种清晰边线或图像的效果。

涂抹工具:可以制作出一种被水抹过的效果,就像水彩画一样。

十、渐变工具组(图 5-39)

该工具组包括渐变工具和油漆桶工具。

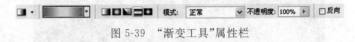

图 5-39　"渐变工具"属性栏

渐变工具:可以创建多种颜色之间的逐渐混合的效果。用户可以从预设渐变填充中选取渐变或创建自己的渐变(操作方法:在起点处单击,按住鼠标左键拖曳到终点即可)。

油漆桶工具:用于在图像或选择区域内,对指定色差范围内的色彩区域进行色彩或图案填充。

运用两种工具产生的效果及区别,如图 5-40 所示。

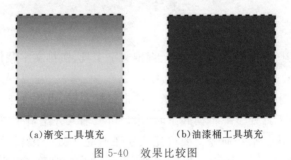

(a)渐变工具填充　　　　　(b)油漆桶工具填充

图 5-40　效果比较图

十一、色调工具组

色调工具组包括减淡工具、加深工具和海绵工具(图 5-41)三种。

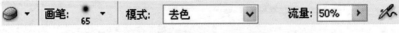

图 5-41　"海绵工具"属性栏

减淡工具:用于提高图像或选择区域的亮度。

加深工具:功能与减淡工具正好相反,主要用于使图像区域边暗。

海绵工具:用于提高或降低图像中色彩的饱和度(通过模式选项设置)。当增加颜色的饱和度时,其灰色就会减少,这样就变得不那么中性了。

运用色调工具产生的效果及区别如图 5-42 所示。

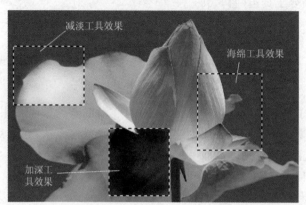

图 5-42　使用三种色调工具处理的效果及区别

十二、文字工具组

该组工具包括横排文字工具、直排文字工具、横排文字蒙版和直排文字蒙版四种。

选择文字工具后,然后在图像中单击鼠标左键,可将文字工具置于编辑模式。当工具处于编辑模式下时,用户可以输入并编辑字符,还可以从各个菜单中执行某些命令。要确定文字工具是否处于编辑模式下,可查看属性栏,如图 5-43 所示。如果看到"提交"按钮和"取消"按钮,则说明文字工具处于编辑模式下,如图 5-44 所示。

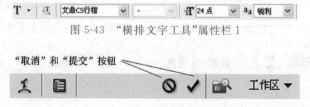

图 5-43　"横排文字工具"属性栏 1

图 5-44　"文字工具"属性栏 2

　　使用横排文字蒙版或直排文字蒙版工具时,可以创建一个文字形状的选区。文字选区出现在当前图层中,并可以像任何其他选区一样被移动、拷贝、填充或描边。

　　例如:在一张图片上写上某些文字,具体操作步骤如下:

　　1. 打开相应的图片,选择横排文字工具;

　　2. 设置好字体颜色、大小、字型;

　　3. 在图片合适的位置单击鼠标,出现光标闪动点,即可输入文字。当然输入完后,还可以对文字进行位置、大小、字型、颜色的修改。如图5-45所示。

图 5-45　最终效果

第六章　会声会影基础

第一节　会声会影启动

在运行"会声会影"时，将出现一个启动画面（图 6-1），允许在以下视频编辑模式中选择。

会声会影编辑器（图 6-2）提供"会声会影"的全部编辑功能。它提供对影片制作过程的完全控制。

影片向导（图 6-3）是视频编辑初学者的理想工具。可通过三个快速、简单的步骤完成影片制作过程。

图 6-1　会声会影启动画面　　图 6-2　会声会影编辑器　　图 6-3　影片导向

DV 转 DVD 向导用于捕获视频、向视频添加主题模板，然后将视频刻录到光盘上。提示：选择 16：9，可以在项目中使用宽银幕格式。

一、DV 转 DVD 向导

使用 DV 转 DVD 向导可以方便地从 DV 磁带的内容创建影片，然后将影片刻录到光盘上。

（一）扫描场景

扫描 DV 磁带，选择要添加到影片的场景。

1. 将摄像机连接到计算机，并打开设备。将设备设置为播放（或 VTR/VCR）模式。

2. 在设备下选择一个刻录设备。

3. 单击捕获格式箭头,选择捕获的视频所用的文件格式。

4. 指定是刻录磁带的所有视频(刻录整个磁带)还是扫描 DV 磁带(场景检测)。

(二)使用场景检测(图 6-4)

图 6-4　场景检测

1. 选择场景检测之后,选择是从开始还是当前位置扫描磁带。

开始:从磁带开始位置扫描场景。如果磁带位置不在开始处,"会声会影"将自动后退磁带。

2. 指定扫描速度,然后单击开始扫描开始扫描 DV 设备上的场景。场景是由拍摄日期和时间区分的视频片段。

3. 在"故事板"中,选择要包括在影片中的场景。为此,请选择一个场景,然后单击标记场景。

4. 单击下一步进入下一步。提示:单击并选择"保存 DV 快速扫描摘要",以保存扫描的文件,从而在导入时不必再次扫描。或者,选择"以 HTML 格式保存 DV 快速扫描摘要",通过打印此 HTML 文件并将其附加到磁带,从而管理大量磁带。

(三)应用主题模板并刻录到 DVD

1. 为影片指定卷标名称和刻录格式。

注意:如果计算机上安装有多个刻录机或默认驱动器不是刻录机,请在高级设置对话框中指定要使用的刻录机。

2. 从可用预设值之一选择一个主题模板,应用于影片,然后选择其输出视频质量。

3. 要自定义主题模板文本,请单击编辑标题。

4. 在编辑模板标题对话框的起始选项卡中,双击要修改的文本。还可以修改其属性,如字体、颜色或阴影设置。

5. 单击结束选项卡修改其文本。单击确定。

6. 要用视频素材的日期信息对其进行标记,请单击视频日期信息中的添加为标题。如果要在视频中从头到尾显示,请选择整个视频。或指定区间。

7. 单击 [图标] 将影片文件刻录到光盘。

提示:如果对话框底部显示影片过大,无法放入光盘,请单击调整并刻录。

二、影片向导

如果是视频编辑的初学者,或者想快速制作影片,则可以用会声会影影片向导来编排视频素材和图像、添加背景音乐和标题,然后将最终的影片输出成视频文件、刻录到光盘或在"会声会影编辑器"中进一步编辑。

添加视频和图像步骤如下:

单击以下按钮之一,将视频和图像添加到影片中。

单击 [图标] 捕获:将视频镜头或图像导入计算机中。

单击 [图标] 插入视频:添加不同格式(如 AVI、MPEG 和 WMV)的视频文件。

单击 [图标] 插入图像:添加静态图像(如果选择只添加图像,则可以创建相片相册)。

单击 [图标] 插入数字媒体:从 DVD/DVD-VR、AVCHD、BDMV 等媒体导入视频。

单击 [图标] 从移动设备导入:从 MicroSoft Windows 可识别设备添加视频。

提示:单击素材库,可以打开"会声会影"附带的包含媒体素材的媒体库。要将自己的视频或图像文件导入"素材库"中请单击 [图标] 图标。

如果选择了多个素材,则会出现改变素材序列对话框,在此可以排列这些素材的顺序。将这些素材拖动为期望的顺序,然后单击确定。

为影片选择的视频和图像素材将添加到媒体素材列表中。右击素材可以打开一个带有更多选项的菜单。如图 6-5 所示。

图 6-5 影片向导

提示:通过将素材拖动为期望的顺序,还可以在媒体素材列表中排列素材。

要预览素材,请在媒体素材列表中选择每个素材,然后使用飞梭栏和导览面板按钮(图 6-6)。修整素材时,拖动开始标记和结束标记拖柄,可以选择所需的素材开始点和结束点。也可以单击 在 DVB-T 视频捕获过程中恢复丢失的 DVB-T 帧。

图 6-6 飞梭栏和导览面板

单击 可从视频文件中选择所需片段,并将这些片段提取到媒体素材列表。

单击 可根据素材的拍摄日期和时间,将视频素材自动分割为更小的素材。

单击 还可根据素材的名称或日期,在媒体素材列表中对素材进行排序。

三、捕获视频和图像

（一）捕获

1. 将摄像机连接到计算机,并打开设备。将设备设置为播放（或 VTR/VCR）模式。

2. 在"会声会影影片向导"中,单击捕获。

3. 查看是否已在来源列表中选择了摄像机。

4. 在格式列表中选择视频文件格式,用于保存捕获的视频文件。指定要保存文件的捕获文件夹。

5. 选择按场景分割,根据帧内容或拍摄日期和时间,将 DV 视频素材中的场景分割为几个素材。

注意:单击选项可自定义特定于视频设备的捕获设置。

6. 播放摄像机中的录像带,将磁带置于开始捕获的视频部分。提示:如果从 DV 或 HDV 摄像机捕获视频,请使用导览面板播放录像带。

7. 单击捕获视频开始捕获。单击停止捕获或按【Esc】可停止捕获。

8. 要从视频镜头捕获静态图像,请在所需图像处暂停视频,然后单击捕获图像。

9. 单击允许/禁止音频播放,可在捕获过程中播放或停止 DV 音频播放。

（二）选择模板

选择项目要应用的影片模板。每个模板都提供一个不同的主题,附带预设的起始和结束视频素材、转场、标题以及背景音乐。

注意:要保存项目,请单击,然后选择"保存"。

如果在"会声会影编辑器"中访问"会声会影影片向导",将不会出现上面的按钮,返回编辑器时,需要使用"文件"菜单才能保存。

（三）应用主题模板

1. 从主题模板列表中选择主题模板。使用家庭影片模板,可以创建同时包含视频和图像的影片,而相册模板专用于创建图像相册。

2. 设置影片的总体长度。对于家庭影片,请在区间对话框中指定以下选项:

(1)调整到视频区间大小:保持当前影片区间,结合背景音乐调整影片区间,以适合背景音乐的长(背景音乐是在"影片向导"的第二步中添加到影片的)。

(2)指定区间:用于定义整个影片的自定义区间(图 6-7)。

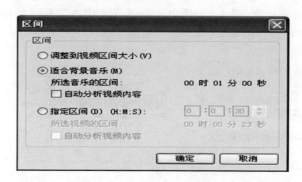

图 6-7　区间对话框

对于相册模板,请在设置对话框(图 6-8)中指定智能摇动和缩放。智能摇动和缩放自动将摇动和缩放动作聚焦在图像的重要部位,例如脸部。

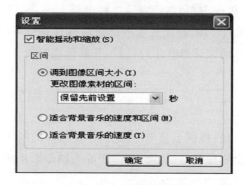

图 6-8　设置对话框

(3)调到图像区间大小:修整背景音乐,以适合相册的总体区间。

(4)适合背景音乐的速度和区间:调整每个素材的区间和相册的总体

区间,以适合背景音乐的速度和区间。注意:如果图像的总体区间长于音乐的长度,则会显示一条提示信息。选是自动将图像放置在超出音乐长度的区间中;选择否选择其他背景音乐。如果音乐过长,则会导致图像重复出现以与音乐区间相适合。

3. 对于家庭影片模板,请单击█打开标记素材对话框。选择一个素材,必需或可选,指定是否在播放时显示该素材。

4. 要替换标题(图 6-9),请先从标题列表中选择预设的标题。双击"预览窗口"中预设的文本,然后输入新的文本。

拖动黄色拖柄可调整文本大小

拖动青绿色拖柄可定位阴影
或调整阴影大小

拖动紫色拖柄可旋转文本

图 6-9　替换标题示例

5. 单击█可更改文本格式。在文字属性对话框中,为文本选择字体、字号和颜色,然后设置所需的阴影颜色和透明度。

6. 要替换背景音乐,请单击█打开音频选项窗口。找到并选择所需的音乐文件。单击█可指定音乐文件设置。

7. 根据视频的音频,使用音量滑动条调整背景音乐的音量。将滑动条拖动到左侧,可增大背景音乐的音量,并降低视频的音频音量。

第二节　会声会影编辑器简介

会声会影编辑器提供了分步工作流程,使影片的制作变得简单轻松。本节介绍"会声会影编辑器"界面,并简要说明制作影片的步骤。

一、用户界面

1. 步骤面板包含一些对应于视频编辑不同步骤的按钮。

2. 菜单栏包含一些提供不同命令集的菜单。

3. 预览窗口显示当前素材、视频滤镜、效果或标题。

4. 导览面板提供一些用于回放和精确修整素材的按钮。在"捕获"步骤中，它也用作 DV 或 HDV 摄像机的设备控制。

5. 工具栏包含一些按钮，这些按钮用于在三个项目视图和其他快速设置之间进行切换。

6. 项目时间轴显示项目中包括的所有素材、标题和效果。

7. 选项面板包含控制、按钮，以及可用于自定义所选素材设置的其他信息。此面板的内容随正在执行的步骤有所变化。

8. 库存储和组织所有媒体素材。

二、步骤面板

"会声会影"将影片制作过程简化为 7 个简单步骤。单击步骤面板（图 6-10），可在步骤之间切换。

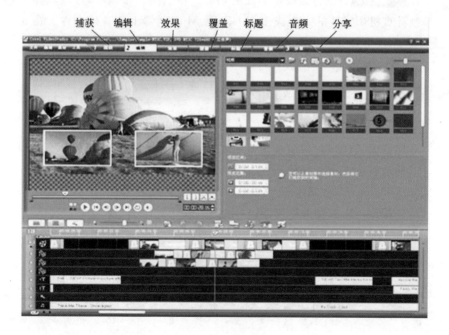

图 6-10　步骤面板

1 捕获　　一旦在"会声会影"中打开项目,即可在"捕获"步骤中将视频直接录制到计算机硬盘上。录像带的镜头可捕获为单个文件,也可自动分为多个文件。在此步骤中,可以捕获视频和静态图像。

2 编辑　　"编辑"步骤和"时间轴"是"会声会影"的核心。这是排列、编辑和修整视频素材的地方。在此步骤中,也可向视频素材应用视频滤镜。

效果　　在"效果"步骤中,可以在项目的视频素材之间添加转场。在"素材库"中,可以选择各种转场效果。

覆叠　　在"覆叠"步骤中,可以在素材上叠加多个素材,从而产生画中画效果。

标题　　在"标题"步骤中,可以输入文字并在各种标题文字的各种预设值中进行选择。

音频　　背景音乐设置影片的基调。在"音频"步骤中,可以选择和录制计算机所安装的一个或多个 CD-ROM 驱动器上的音乐文件。在此步骤中,还可以为视频配音。

3 分享　　影片完成后,可以创建视频文件,以便在"分享"步骤中进行网络共享,或将影片输出到磁带、DVD 或 CD 上。

三、导览面板

导览面板(图 6-11)用于预览和编辑项目所用的素材。使用导览控制可以移动所选素材或项目。使用修整拖柄和飞梭栏可以编辑素材。

从 DV 或 HDV 摄像机捕获视频时,"导览控制"用于设备控制。使用这些按钮可以控制 DV 或 HDV 摄像机或任何其他 DV 设备。

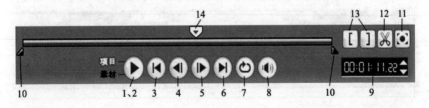

图 6-11　导览面板

1. 播放模式选择是要预览项目还是只预览所选素材。

2. 播放、暂停或恢复当前项目或所选素材。

3. 返回起始帧。

4. 移动到上一帧。

5. 移动到下一帧。

6. 结束移动到结束帧。

7. 重复循环回放。

8. 系统音量,单击并拖动滑动条,可调整计算机扬声器的音量。

9. 时间码,通过指定确切的时间码,可以直接跳到项目或所选素材的某个部分。

10. 修整拖柄,用于设置项目的预览范围或修整素材。

11. 扩大预览窗口,单击可增大预览窗口的大小。扩大预览窗口时,只能预览,而不能编辑素材。

12. 剪切素材,将所选素材剪辑为两部分。将飞梭栏放置于第一个素材的结束点(第二个素材的开始点),然后单击此按钮。

13. 开始标记/结束标记,使用这些按钮可以在项目中设置预览范围,或标记素材修整的开始和结束点。

14. 飞梭栏,允许在项目或素材之间拖曳。

四、工具栏

在工具栏中可以便捷地访问编辑按钮(图 6-12)。通过调整时间轴标尺,可以更改项目视图或缩放项目时间轴。单击智能代理管理器可以加快 HD 视频和其他大型源文件的编辑速度。或者,使用轨道管理器可以添加更多覆叠轨。

图 6-12 工具栏

1. 故事板视图,在时间轴上显示影片的图像略图。

2. 时间轴视图,用于对素材执行精确到帧的编辑操作。

3. 音频视图,显示音频波形视图,用于对视频素材、旁白或背景音乐的音量级别进行可视化调整。

4. 缩放控件,用于更改时间轴标尺中的时间码增量。

5. 将项目调到时间轴窗口大小,放大或缩小,从而在"时间轴"上显示全部项目素材。

6. 插入媒体文件,显示一个菜单,在该菜单上,可以将视频、音频或图像素材直接放到项目上。

7. 撤消,用于撤消上一操作。

8. 重复,用于重复撤消的操作。

9. 启用/禁用智能代理,在启用和禁用智能代理之间切换,在创建HD视频的较低分辨率工作副本时,用于自定义代理设置。

10. 成批转换,将多个视频文件转换为一种视频格式。

11. 轨道管理器,允许显示/隐藏轨道。

12. 启用/禁用5.1环绕声,用于创建5.1环绕声音轨。

13. 绘图创建器,是"会声会影"的一项新功能,利用该功能可以创建图像和动画图形覆叠,以进一步增强项目的效果。

(一)故事板视图

故事板视图是将视频素材添加到影片的最简单快捷的方法(图6-13)。故事板中的每个略图都代表影片中的一个事件,即视频素材或转场。略图概要显示项目中的事件的时间顺序。每个素材的区间都显示在每个略图的底部。

图 6-13　故事板视图

通过拖放的方式,可以插入视频素材,排列其顺序。转场效果可以插入到两个视频素材之间。所选的视频素材可以在预览窗口中进行修整。

（二）时间轴视图

时间轴视图为影片项目中的元素提供最全面的显示（图 6-14）。它按视频、覆叠、标题、声音和音乐将项目分成不同的轨。

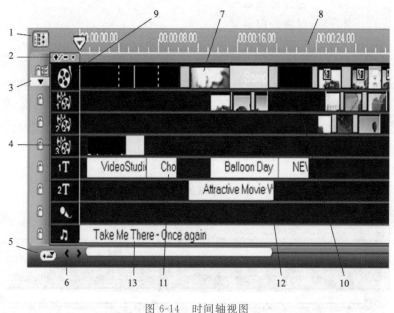

图 6-14　时间轴视图

1. 显示全部可视化轨道，单击此项可显示项目中的所有轨道。

2. 添加/删除章节/提示点，单击可在影片中设置章节或提示点。

3. 连续编辑启用/禁用连续编辑，如果启用，则可以选择要应用该选项的轨。

4. 轨按钮，单击这些按钮可以在不同轨之间切换。

5. 时间轴滚动控制，预览的素材超出当前视图时，启用/禁用时间轴上的滚动。

6. 项目滚动控制，使用左和右按钮，或拖动滚动条，可以在项目中移动。

7. 所选范围，此彩色栏代表素材或项目的修整或所选部分。

8. 时间轴标尺,显示项目的时间码增量,格式为"时:分:秒:帧",可帮助确定素材和项目长度。

9. 视频轨,包含视频/图像/色彩素材和转场。

10. 覆叠轨,包含覆叠素材,可以是视频、图像或色彩素材。

11. 标题轨,包含标题素材。

12. 声音轨,包含旁白素材。

13. 音乐轨,包含音频文件中的音乐素材。

(三)切换到其他轨

单击步骤面板中与轨相对应的步骤按钮。单击轨按钮。双击所需的轨,或单击轨上的素材。

提示:滚轮鼠标可用于在时间轴上滚动。指针在缩放控制或时间轴标尺上时,可以使用滚轮放大和缩小"时间轴"。

(四)音频视图

用于可视化地调整视频、声音和音乐素材的音量(图 6-15)。

音量拖柄

图 6-15　音频视图

包含音频的素材带有一个音量拖柄,单击并拖动它,可以调整素材的音量。

(五)选项面板

根据程序的模式和正在执行的步骤或轨,选项面板有所变化。"选项面板"可能包含一个或两个选项卡。每个选项卡中的控制和选项都不同,具体取决于所选素材。

(六)素材库

素材库(图 6-16)中存储了制作影片所需的全部内容:视频素材、视频滤镜、音频素材、静态图像、转场效果、音乐文件、标题和色彩素材，这些统称为媒体素材。

提示：可以直接打印"素材库"中的图像。右击要打印的图像，然后选择打印图像并选择图像大小。右击图像，然后选择打印选项指定打印对齐方式和边框。

图 6-16　将媒体素材添加到"素材库"

1. 单击加载媒体打开一个对话框，找到要插入"素材库"的媒体素材。加载媒体可找到要添加到媒体库的素材。

注意：还可以在 Windows 资源管理器中将文件直接拖到"素材库"中。

2. 在"素材库"中右击一个素材，查看该素材的属性，以及按场景复制、删除或分割（图 6-17）。

注意：按住【Ctrl】或【Shift】可选择多个素材。

图 6-17　素材库中查看素材属性

（七）删除"素材库"中的媒体素材

1. 在素材库中选择要删除的素材，然后按【Delete】。或者右击"素材库"中的素材，然后选择删除。

2. 看到提示时，确认是否要从"素材库"中删除略图。

提示：导出素材库以免丢失重要的素材库信息和媒体素材。此操作将在您所指定目录中创建当前库的虚拟媒体文件信息备份。可以在工具：素材库管理器——导出库中找到此选项并指定目标位置。

　　还可以导入你所导出的素材库恢复媒体文件和其他素材库信息。单击工具:素材库管理器——导入库,找到指定的目录。

　　要将素材库重置为默认设置,请选择工具:素材库管理器——重置库。

　　在"重新链接"对话框中选择智能搜索选项后,"会声会影"会尝试自动查找并重新链接素材库。"会声会影"缩略图视图(图6-18)允许对略图的大小进行调整以根据不同显示器的大小进行调整,同时还简化了对素材库中不同媒体的访问。

图 6-18　　缩略图视图

　　调整缩略图大小:左右移动滑动条减小或增大缩略图的大小。

五、使用库创建者步骤

　　库创建者:库创建者组织自定义素材库文件夹。使用它存储和管理所有类型的媒体文件。

　　1.单击图6-19中序号③启动库创建者对话框,或者单击"文件夹"箭头,然后在下拉列表中选择库创建者。也可以单击工具:素材库管理器库创建者。

图 6-19　　库创建按钮图

　　2.在可用的自定义文件夹列表中选择媒体类型。

3. 单击新建可以显示新建自定义文件夹对话框,从而创建一个新的文件夹(图 6-20)。指定素材库文件夹名称和描述(图 6-21)。单击确定。

图 6-20 新建自定义文件夹对话框

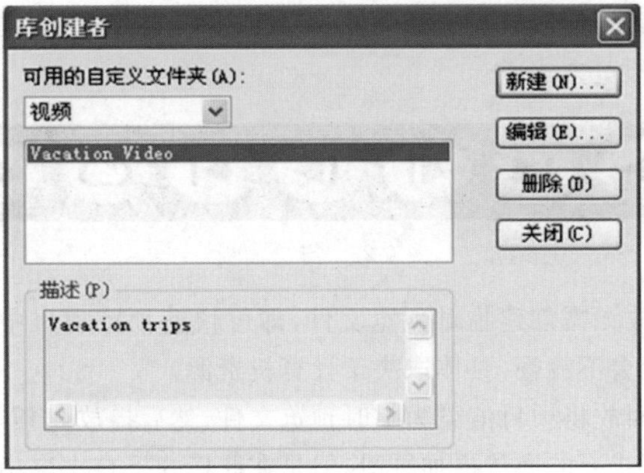

图 6-21 自定义文件夹对话框

单击编辑可重命名或修改所选自定义文件夹的描述,单击删除可以从素材库中删除所选自定义文件夹。

4. 单击关闭。

(一)设置项目属性

项目属性可用作预览影片项目的模板。"项目属性"对话框中的项目设置确定了项目在屏幕上预览时的外观和质量。要自定义项目设置,请选择文件：项目属性。自定义项目设置时，建议将设置项定义为与将捕获的视频镜头的属性相同，以避免视频图像变形，从而可进行平滑回放，不出现跳帧现象。

将项目属性自定义为与所需项目输出设置相同时（例如，要将项目输出到 DVD 光盘上，则项目属性设置为 DVD 设置），可以对最终影片进行更为准确的预览。

（二）添加素材（可以用三种方法将素材添加到项目中）

从视频源捕获视频素材。视频素材将插入到视频轨上。从"素材库"中将素材拖到相应的轨上。单击 可直接将媒体文件插入到不同的轨上。

导览面板（图 6-22）中的播放按钮有两个用途：回放整个项目或所选素材。要进行回放，请单击项目或素材，然后单击播放。使用项目时，可能希望经常预览项目以了解项目进度。"会声会影"提供两个预览选项：即时回放和高质量回放。选择文件：参数选择—常规，然后在回放方法中选择所需的预览方式。

图 6-22　导览面板

即时回放无需创建临时预览文件，即可快速预览项目中的更改。但是，回放可能会不流畅，具体取决于计算机资源。

高质量回放将项目渲染为临时预览文件，然后播放此预览文件。"高质量回放"模式下的回放更加平滑，但是在此模式下首次渲染项目可能需要很长时间才能完成，具体取决于项目大小以及计算机资源。

注意：当在"项目选项"对话框（在项目属性对话框中打开）中选择了执行非正方形像素渲染时，如果计算机资源不足，则会影响"即时回放"性能。在"高质量回放"模式下，"会声会影"使用"智能渲染"技术，它仅渲染所做的更改，如转场、标题和效果，并且避免重新渲染整个项目。在生成预览时，智能渲染将节省时间。设置预览范围要进行更快的预览，可以选择只播放项目的一部分。要预览的所选帧范围称为预览范围，它在"标尺面板"中标记为红色栏。

（三）播放预览区域（图 6-23）

1. 使用修整拖柄或开始标记/结束标记按钮选择预览范围。然后,预览范围的开始标记和预览范围的结束标记时间码将显示在"选项面板"中。

图 6-23　播放预览区域

2. 要预览所选范围,请选择要预览的内容（项目或素材）,然后单击播放。要预览整个素材,请按住【Shift】,然后单击播放。

（四）撤消和重复操作

通过单击工具栏中的撤消【Ctrl＋Z】或重复【Ctrl＋Y】,可以撤消或重复在处理影片时执行的前面一组操作。可在参数选择对话框中调整撤消级别数。

六、显示和隐藏网格线（图 6-24）

调整图像、视频的位置和大小,或者向影片添加标题时,可以利用网格线进行导向。

要在编辑和覆叠步骤中显示网格线,请在"时间轴"中选择一个素材,然后选择属性选项卡。选择变形素材,然后选择显示网格线。

要在标题步骤中显示网格线,请在编辑选项卡中选择显示网格线。

提示:单击█可调整网格线设置。

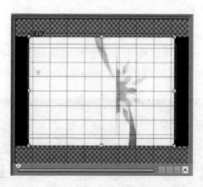

图 6-24　网络线的显示与隐藏

（一）保存项目

在编排影片项目时，请经常选择文件：保存【Ctrl＋S】来保存项目以避免工作意外丢失。"会声会影"项目文件以＊.vsp 文件格式存。要自动保存工作，请选择文件：参数选择—常规，然后选择自动保存项目间隔，并指定执行保存操作的时间间隔。要打开现有项目，请选择文件：打开项目【Ctrl＋O】。要再次创建新项目，请选择文件：新建项目【Ctrl＋N】。

（二）将项目保存为智能包

如果要备份在便携式计算机或其他计算机上共享或编辑工作或传输的文件，则对视频项目打包会很有用。要将项目保存为"智能包"，请选择文件：智能包。指定文件夹路径、项目文件夹名称和项目文件名。完成后，单击确定。

第三节　会声会影面板的操作

一、捕获

视频工作包括处理原始镜头。将镜头从来源设备传输到计算机包括一个称为捕获的过程。在捕获过程中，视频数据通过捕获卡从来源（通常是视频相机）传输到计算机的硬盘。

"会声会影"可以从 DV 或 HDV 摄像机、移动设备、模拟来源、VCR

和数字电视捕获视频。

（一）无缝 DV 和 MPEG 捕获

"会声会影"运行于 Windows 操作系统，在捕获或渲染视频时，将受到文件大小限制的影响。"会声会影"自动执行无缝捕获，每当单个视频文件达到最大允许文件大小时，就将视频保存到一个新的文件中。仅当捕获 DV 类型-1 或 DV 类型-2（从 DV 摄像机），或捕获 MPEG 视频（从 DV 和 HDV 摄像机或模拟捕获设备）时，才会执行无缝捕获。在使用 FAT32 分区文件系统的 Windows 操作系统中，每个视频文件的最大捕获文件大小为 4GB。超出 4 GB 的捕获视频数据自动保存到新的文件中。在可以使用 NTFS 文件系统的 Windows XP 中，对捕获文件大小没有任何限制。无缝捕获在 VFW（Windows 视频）捕获中不可用。

注意："会声会影"自动检测文件系统，只在 FAT 32 分区文件系统中执行无缝捕获。

（二）"捕获"步骤"选项面板"

捕获步骤选项面板由 4 个选项组成：捕获视频、DV 快速扫描、导入数字媒体和从移动设备导入。捕获视频捕获的步骤对于各种类型的视频源都是类似的，只是"捕获视频选项面板"中的可用捕获设置有所不同。不同类型的来源可以选择不同的设置。

（三）捕获视频

1. 单击捕获步骤，然后单击捕获视频。

2. 要指定捕获区间，请在选项面板中的区间框中输入数值。

3. 从来源列表中选择捕获设备。

4. 在格式列表中选择用于保存捕获视频的文件格式。

5. 指定用于保存视频文件的捕获文件夹。

6. 单击选项打开一个菜单，可以自定义更多捕获设置。

7. 扫描视频，搜索要捕获的部分。

8. 当提示要捕获的视频已经准备就绪时，请单击捕获视频开始捕获。

9. 如果已指定了捕获区间，请等待捕获完成。否则，请单击停止捕获或按【Esc】停止捕获。

注意：摄像机处于"录制"模式时（通常称为 CAMERA 或 MOVIE），可以捕获现场视频。

根据所选的捕获文件格式，视频属性对话框中的可用设置有所不同。

（四）捕获视频选项面板

区间：设置捕获时间长度。

来源：显示检测到的捕获设备，列出计算机上安装的其他捕获设备。

格式：提供一个选项列表，可在此选择文件格式，用于保存捕获的视频。

捕获文件夹：此功能指定一个文件夹，用于保存所捕获的文件。

按场景分割：根据用 DV 摄像机捕获视频的日期和时间的变化，将捕获的视频自动分割为几个文件。

选项：显示一个菜单，在该菜单上，可以修改捕获设置。

捕获视频：将视频从来源传输到硬盘。

捕获图像：将显示的视频帧捕获为图像。

启用/禁用音频预览：在捕获 DV 过程中，禁止在计算机上进行音频播放。

注意：如果声音不连贯，则在 DV 捕获过程中计算机上的音频预览可能有问题。这不会影响音频捕获质量。如果发生这种情况，请单击禁止音频播放，在捕获过程中不播放音频。数码视频（DV）要以原始格式捕获数码视频（DV），请在选项面板的格式列表中选择 DV。捕获的视频将保存为 DV AVI 文件（.avi）（从 DV 摄像机捕获的 AVI 文件）。还可以使用 DV 快速扫描选项来捕获 DV 视频。

DV AVI 类型-1 和 DV 类型-2 捕获 DV 时，单击"选项面板"中的选项并选择视频属性，可以打开一个菜单。在"当前配置文件"中，选择是将 DV 捕获成 DV 类型-1 还是 DV 类型-2。DV 是本身包含视频和音频的数据流。使用 DV 类型-1，视频和音频通道在 AVI 文件中存储为未经修改的单个交织流。使用 DV 类型-2，视频和音频通道在 AVI 文件中存储为两个单独的流。类型-1 的优点在于 DV 数据不需要进行处理，是以其原始格式存储的。类型-2 的优点在于它与视频软件（专门编写来识别和处理类型-1 文件的视频软件除外）兼容。

注意:要在捕获 DV 时在计算机上有声频,请单击"选项面板"中的允许音频播放。如果声音不连贯,则在 DV 捕获过程中计算机上的音频预览可能有问题。这不会影响音频捕获质量。如果发生这种情况,请单击禁止音频播放不播放音频。

使用"导览面板"(图 6-25)控制 DV 摄像机。从 DV 摄像机捕获时,可使用导览面板扫描镜头,找到要捕获的场景。

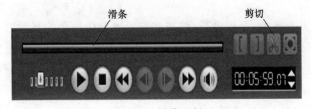

图 6-25　导览面板

(五)捕获高清视频

从 AVCHD DVD 或硬盘驱动器(HDD)摄像机,可以导入高清视频。

1. 用 IEEE-1394 电缆,将 HDV 摄像机连接到计算机的 IEEE-1394端口。

2. 打开摄像机并将它切换到播放/编辑模式,确保 HDV 摄像机切换到 HDV 模式。

注意:对于 Sony HDV 摄像机,打开 LCD 屏幕,查看 HDVout I-Link是否显示在 LCD 屏幕上,从而确定相机是否设置为 HDV 模式。如果看到 DVout I-Link,请按屏幕右下方的 P-MENU。在菜单中,按 MENU>STANDARD SET>VCRHDV/DV,然后按 HDV。

(六)单击"步骤面板"上的捕获

如果镜头是从模拟来源(如 VHS、S-VHS、Video-8 或 Hi8 摄像机/VCR)捕获的,则会转换为计算机可读取和存储的数字格式。捕获之前,请在"选项面板"的格式列表中,选择所需文件格式,用于保存捕获的视频。单击选项,然后选择捕获选项,以选择捕获镜头的方式。要指定视频源的类型,请单击▦▦选项,然后选择视频属性。在打开的对话框中,可以自定义以下捕获设置:在输入来源选项卡上,选择要捕获 NTSC、PAL

还是 SECAM 视频,然后选择输入来源(调谐器、S-Video 或 Composite)。在色彩管理器选项卡中,可以微调视频源,以确保实现高质量捕获。在模板选项卡中,选择用于保存捕获视频的帧大小和压缩方法。

"会声会影"可通过电视调谐器捕获电视镜头。捕获喜爱的普通电视或有线电视节目的片段,然后以 AVI 或 MPEG 格式保存在硬盘中。

二、编辑

在编辑步骤中,可以排列、编辑和修整项目中所用的视频素材。在此步骤中,可以向视频素材的现有音频应用效果和转场,可以多重修整或分割视频,还可以调整素材的回放速度。还可以从众多滤镜中进行选择,以应用于素材。

(一)"编辑"步骤选项面板

在编辑步骤选项面板中,可以对添加到"视频轨"的视频、图像和色彩素材进行编辑。在属性选项卡中,可以对应用于素材的视频滤镜进行微调。

(二)"视频"选项卡

区间:以"时:分:秒:帧"的形式显示所选素材的区间。通过更改素材区间,可以修整所选素材。

素材音量:可用于调整视频中音频片段的音量。

静音:使视频中的音频片段不发出声音,但不将其删除。

淡入/淡出:逐渐增大/减小素材音量,以实现平滑转场。选择文件:参数选择-编辑可以设置淡入/淡出区间。

旋转:旋转视频素材。

色彩校正:调整视频素材的色调、饱和度、亮度、对比度和 Gamma。还可以调整视频或图像素材的白平衡,或者进行自动色调调整。

回放速度:启动回放速度对话框,在该对话框中,可以调整素材的速度。

反转视频:从后向前播放视频。

保存为静态图像:将当前帧保存为新的图像文件,并将其放置在图像库中。保存之前,会丢弃对文件进行的全部增强。

　　分割音频：可用于分割视频文件中的音频，并将其放置在"声音轨"上。

　　按场景分割：根据拍摄日期和时间或者视频内容的变化（画面变化、镜头转换、亮度变化等），对捕获的 DV AVI 文件进行分割。

　　多重修整视频：从视频文件中选择并提取所需片段。

　　（三）"图像"选项卡

　　区间：设置所选图像素材的区间。

　　旋转：旋转图像素材。

　　色彩校正：调整图像的色调、饱和度、亮度、对比度和 Gamma。还可以调整视频或图像素材的白平衡，或者进行自动色调整。

　　重新采样选项：设置图像大小的调整方式。

　　保持宽高比：保持当前图像的相对宽度和高度。

　　调到项目大小：将当前图像的大小调整为项目的帧大小。

　　摇动和缩放：对当前图像应用摇动和缩放效果。

　　预设值：提供各种"摇动和缩放"预设值。可在下拉列表中选择一个预设值。

　　自定义：定义摇动和缩放当前图像的方式。

　　（四）"色彩"选项卡

　　区间：设置所选色彩素材的区间。

　　色彩选取器：单击色框可调整色彩。

　　（五）"属性"选项卡

　　替换上一个滤镜：在将新的滤镜拖动到素材上时，允许替换上一个应用于该素材的滤镜。

　　已用滤镜：列出已应用于素材的视频滤镜。单击▲或▼可排列滤镜的顺序；单击"X"可删除滤镜。

　　预设值：提供各种滤镜预设值。可在下拉列表中选择一个预设值。

　　自定义滤镜：定义滤镜在素材中的转场方式。

　　变形素材：修改素材的大小和比例。

　　显示网格线：选择显示网格线。单击图标打开可指定网格线设置的对话框。

三、处理素材

素材(无论是音频、视频、图像还是效果)是构建项目的基础;处理素材是需要掌握的最重要的技巧。将素材添加到视频轨,在"编辑"步骤中,只在"视频轨"上操作。在"视频轨"上可以插入三种类型的素材:视频、图像和色彩素材。

(一)将视频素材插入到"视频轨"的方法

1. 在"素材库"中选择素材并将它拖到"视频轨"上。按住【Shift】或【Ctrl】,可以选取多个素材。

2. 右击"素材库"中的素材,然后选择插入到"视频轨"。

3. 在 Windows 资源管理器中选择一个或多个视频文件,然后将它们拖到"视频轨"上。

要将素材从文件夹中直接插入到"视频轨",请单击位于"时间轴"左侧的插入媒体文件。

除视频文件之外,还可以从 DVD 或 DVD-VR 格式的光盘上添加视频。

使用淡入、淡出按钮 ▁▂▃▅ ▅▃▂▁ 可以使项目视频素材的音频从一个素材平滑淡化到另一个素材。

(二)图像

将静态图像添加到"视频轨"的方法与添加视频素材的方法相同。开始向项目添加图像之前,请首先确定所有图像的大小。默认情况下,"会声会影"会调整图像大小,并保持图像的宽高比。要使插入的所有图像的大小都与项目的帧大小相同,请选择文件:参数选择—编辑,然后将图像重新采样,选项默认值更改为调到项目大小。

(三)色彩素材

色彩素材是可用于标题的单色背景。例如,插入黑色的色彩素材作为片尾鸣谢字幕的背景。可以使用"素材库"中预设的色彩素材,也可以创建新的色彩素材。

(四)在"色彩库"中选择色彩素材

1. 在"素材库"下拉菜单中选择色彩。

2. 在"素材库"中选择所需色彩,并将其拖到"视频轨"或"覆叠轨"。

3. 要加载"素材库"之外的其他色彩,请单击"色彩选取器"旁边的色框。在此,可以从"Corel 色彩选取器"（图 6-26）或"Windows 色彩选取器"中选择一种色彩。

4. 在"选项面板"中设置色彩素材的区间。

图 6-26　色彩选取器

提示:即时时间码是"会声会影"的一项功能,此功能允许添加带有特殊时间码的素材。当修整并在时间轴上插入重叠的素材时显示此功能,这样就可以根据显示的时间码进行调整。

即时时间码提示以以下格式显示（图 6-27）:00:00:11.03（12.07-09.13）。00:00:11.03 表示选择的素材所定位的当前时间码。12.07 代表与前一个素材和后一个素材重叠的区间,而 09.13 是指与后一个素材重叠的区间。

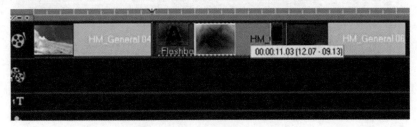

图 6-27　时间码提示示意图

对"素材库"中的素材进行排序,要排列"素材库"中的素材,请在"素材库"中打开选项菜单,然后选择按名称排序或按日期排序。视频素材按日期排序的方式取决于文件格式。DV AVI 文件按照镜头拍摄日期和时间的顺序排列。其他视频文件格式则按照文件日期的顺序排序。

注意:还可以在"素材库"上右击,然后在排序方式子菜单中选择所需排序类型。要在升序和降序之间切换,请再次选择按名称排序或按日期排序。

修改视频的回放速度。将视频设置为慢动作,可以强调动作,或设置快速的播放速度，为影片营造滑稽的气氛。通过单击编辑步骤选项面板下的回放速度，可以方便地调整视频素材的速度属性。根据参数选择（如：慢、正常或快）拖动滑动条，或输入一个值。设置的值越大，素材的回放速度越快。（值范围为 $10\%\sim1\,000\%$）。还可以在时间延长中为素材指定区间设置。单击预览查看设置的效果，完成时单击确定。

提示：按住【Shift】，然后在"时间轴"上拖动素材的终止处，可以改变回放速度。

黑色箭头表示正在修整或扩展素材；白色箭头表示正在更改回放速度（图 6-28）。

图 6-28　黑白箭头功能示意图

（五）导出视频文件

"会声会影"提供了诸多方法，可导出和共享视频文件。视频文件可导出到网页上，可转换为可执行贺卡，可通过电子邮件发送，也可设置为桌面屏幕保护程序。在"素材库"中选择视频文件，然后单击，选择视频的导出类型。

四、在编辑步骤中捕获静态图像

在编辑步骤中，通过选择"时间轴"上的特定帧并将其保存为图像文件，可以捕获静态图像。通过这种方式，由于不是从运行的视频中获取图像，可以避免图像变形，这与捕获步骤中不同。

（一）捕获静态图像

1. 选择文件：参数选择—捕获。选择"Bitmap"或"JPEG"作为捕获静态图像的保存格式。如果选择"JPEG"还需设置图像质量。

2. 选择项目中的视频素材。

3. 将飞梭栏拖到要捕获的帧（图 6-29）。

4. 切换到"素材库"中的图像文件夹。该文件夹可以是默认图像文件夹，也可以是自己创建的文件夹。

5. 选择素材：保存为静态图像。新图像文件已保存到工作文件夹中，在指定的图像文件夹中，由一个略图表示。

图 6-29　将飞梭栏拖到要捕获的帧

（二）连续编辑

连续编辑可以在插入素材的同时自动移动其他素材（包括空白空间），为此素材在"时间轴"上腾出空间。使用此模式，可以在插入更多素材时，保持原始轨的同步。在使用要与视频中的特殊瞬间同时播放的覆叠和音频轨时，此功能非常实用。同时还能通过保持轨道的完整并将视频轨用作参考来提高编辑的效率。

（三）在"连续编辑"模式下插入素材

1. 单击连续编辑，激活此面板，然后选中要应用"连续编辑"的轨所对应的框。

2. 将素材从"素材库"拖放到"时间轴"上期望的位置。新素材插入后，所有应用了"连续编辑"的素材都将相应平移，同时保持它们在轨上的相对位置。注意：连续编辑也可以在删除素材时应用。连续编辑未启用：只有将视频素材插入到时间轴时，视频轨才能移动。当此功能禁用时，不能移动其他轨道。连续编辑已启用：当将视频素材插入时间轴中时，"连续编辑"已启用的轨道会相应移动，以保持其原始位置。

（四）转场效果

转场效果使影片可以从一个场景平滑地切换为另一个场景。它们可以应用在"视频轨"中的素材之间,它们的属性可以在"选项面板"中修改。有效地使用此功能,可以为影片添加专业化的效果。

(五)"效果"步骤选项面板

在使转场平滑和专业方面,"会声会影"对所有细节都非常关注。将转场添加到项目中之后,还是可以进一步对转场进行自定义。效果步骤选项面板显示所选转场的设置,以便更改其各种参数。这样便可以为转场在影片中的行为和外观提供完全准确的控制。

注意:"选项面板"中的属性各不相同,具体取决于选择来应用于项目的转场效果的类型。

区间:显示在所选素材上应用效果的区间,形式为"时:分:秒:帧"。通过更改时间码值可调整区间。

边框:确定边框的厚度。输入 0 可以删除边框。

色彩:确定转场效果的边框(或副翼)的色调。

柔化边缘:指定想要转场效果与素材的融合程度。强柔化边缘会产生较不突兀的转场,从而实现从一个素材到另一个素材的平滑过渡。此选项最适用于不规则的形状和角度。

方向:指定转场效果的方向(此选项仅适用于部分转场效果)。

素材库提供了大量的预设转场效果(从"交叉淡化"到"爆炸"),可以将它们添加到项目中。在"故事板视图"或"时间轴视图"中,可以添加转场(图 6-30)。

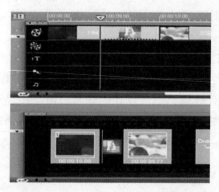

图 6-30　添加转场

注意:默认情况下,需要以手动方式将转场添加到项目中。但当两个素材在时间轴上覆叠时,默认转场效果就会添加到两个覆叠素材之间。如果想让"会声会影"自动在素材之间添加转场,请选择文件:参数选择—编辑,然后选择自动添加转场效果并从默认转场效果下拉菜单中选择一种转场效果。由于转场是根据指定的默认转场效果应用并自动添加到图像之间的,此项节省了添加转场的时间,在创建只包含图像的相册项目时,尤其如此。

（六）添加转场

1. 单击效果步骤,然后在文件夹列表中选择一个转场类别。

2. 滚动查看素材库中的略图。选择一个效果并将其拖到时间轴上,放在两个视频素材之间。松开鼠标,此效果将进入此位置。一次只能拖放一个效果。

提示:双击效果库中的转场会自动将其插入到第一个两个素材之间的空白转场位置中。重复此过程会将转场插入到下一个空白转场位置中。要替换项目中的转场,请将"素材库"中的新转场拖到"故事板"或"时间轴"上要替换的转场略图上。

（七）相册转场

在素材库中还可以看到一种转场,即相册转场。相册模拟照片相册页的翻动形式。可以在各种相册布局中进行选择,可以更改相册封面、背景、大小和位置等。

（八）应用相册转场

1. 单击效果步骤,然后在"素材库"中选择相册。将转场略图拖到"视频轨"两个素材之间,即可应用。

2. 在选项面板中,单击自定义打开翻转—相册对话框。

3. 在布局部分,选择所需的相册外观。

4. 在相册选项卡上,设置相册的大小、位置和方向。要更改相册封面,请在相册封面模板中选择一个预设值,或选择自定义相册封面,然后导入自己的封面图像。

5. 单击背景和阴影选项卡。要更改相册的背景,请在背景模板中选择一个预设值,或选择自定义背景,然后导入自己的背景图像。要添加阴影,请选择阴影。通过调整 X-偏移量和 Y-偏移量值设置阴影位置。要使阴影看起来更柔和,请增大柔化边缘。

注意:要更改阴影色彩,请单击色彩框,然后选择所需色彩。

6. 单击页面 A 选项卡。自定义相册的第一页。要更改该页面的图像,请在相册页面模板,或选择自定义相册页面,然后导入自己的图像。要调整该页面上的素材的大小和位置,请调整大小、X 和 Y 值。

7. 单击页面 B 选项卡。自定义相册的第二页。执行步骤 6 进行调整。

8. 使用对话框中预览窗口下面的滑动条和按钮预览结果。

9. 单击确定应用调整。

(九)将素材添加到"覆叠轨"上

将媒体文件拖到时间轴的"覆叠轨"上,以将它们作为覆叠素材添加到项目中。

将素材添加到"覆叠轨"上的方法:

1. 在"素材库"中,选取包含要添加到项目中的覆叠素材的媒体文件夹。

提示:要将媒体文件加载到素材库,请单击在打开的对话框中,找到所需的媒体文件并单击打开。

2. 从素材库中将该媒体文件拖到时间轴上的覆叠轨中(图 6-31)。

图 6-31　媒体文件拖至时间轴

将媒体文件直接插入到"覆叠轨"中,请右击"覆叠轨"并选取要添加的文件的类型。该文件将不会添加到素材库中。

也可以使用色彩素材作为覆叠素材。

3. 可以使用编辑选项卡中的可用选项来自定义覆叠素材。

4. 单击属性选项卡。覆叠素材随后将调整为预设大小并放置在中央。使用"属性"选项卡中的选项可以为覆叠素材应用动画、添加滤镜、调整素材的大小和位置等。

提示：要创建带有透明背景的覆叠素材，可创建 32 位 Alpha 通道 AVI 视频文件或带有 Alpha 通道的图像文件。可使用 Ulead COOL 3D Production Studio 之类的动画程序或 Ulead PhotoImpact 之类的图像编辑程序创建这些视频和图像文件。

另一种替代方法是使用"会声会影"的"屏蔽和色度键"功能在图像上掩盖某个特定色彩。

（十）添加多个轨道

也可在另一个覆叠轨上插入媒体文件以获得影片的增强效果。可在项目中显示或隐藏这些覆叠轨。单击"工具栏"中的轨道管理器打开"轨道管理器"对话框（图 6-32）。选取要显示的覆叠轨。

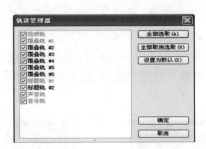

图 6-32　轨道管理器

（十一）处理覆叠素材

添加多个覆叠轨能为影片带来更多创意可能。可在背景视频上叠放部分覆叠透明的素材，或者向视频添加对象和帧。如果了解如何使用覆叠素材和轨，就可以轻松地在项目中实现不同的效果。

（十二）修整覆叠素材（图 6-33）

可以像修整视频轨中的素材一样修整覆叠轨中的素材。要在视频和覆叠轨中一次性剪辑素材，请选择项目作为播放模式，将滑动条拖动到要剪辑的部分。重新调整当前覆叠素材的位置,单击选择时间轴中的覆叠素材。

图 6-33　修整覆叠素材

　　单击"属性"选项卡后,将覆叠素材拖到预览窗口中想要放置的区域。建议将覆叠素材保留在标题安全区内。也可以单击"属性"选项卡中的对齐选项打开一个菜单,可在其中自动将覆叠素材放置到视频中预设的位置。在此,也可以调整覆叠素材的大小以保持宽高比、将其恢复为默认大小、使用覆叠素材的原始大小,或将其调整为全屏大小。

（十三）调整覆叠素材的大小（图 6-34）

　　单击"属性"选项卡后,可在预览窗口中拖动覆叠素材上的拖柄以调整其大小。如果拖动角上的黄色拖柄,那么在调整素材大小时,可以保持宽高比。

图 6-34　调整覆叠素材大小

　　属性选项中的保持宽高比基于覆叠素材的宽度或高度（以较长者为准）调整覆叠素材的大小。

　　注意:在调整覆叠素材的大小或者将其变形,然后再返回编辑选项卡之后,素材将显示为已恢复到其原始大小。此选项仅用于编辑,覆叠素材仍将保留其属性。

(十四)覆叠素材变形(图 6-35)

覆叠素材的选取框的每个角上有绿色的节点,可使用这些节点来使覆叠素材变形。

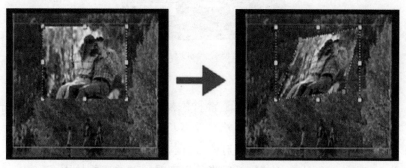

图 6-35　覆叠素材变形

提示:拖动绿色节点的同时按住【Shift】以使变形保持在当前素材的选取框内。

(十五)将动画应用到覆叠素材

单击属性选项卡后,在方向/样式下选择覆叠素材进入和退出屏幕的位置。单击相应的箭头指定素材进入和退出影片的位置。

(十六)增强覆叠素材

可以通过应用透明度、边框和滤镜等方法增强覆叠素材。还可以对覆叠素材应用色度键以删除其背景色,并将该素材作为新的背景在视频轨中显示。

(十七)对覆叠素材应用透明度

在“属性”选项卡中,单击屏蔽和色度键以进入“覆叠选项面板”。拖动透明度滑动条以设置覆叠素材的阻光度。

(十八)对覆叠素材应用色度键(图 6-36)

色度键是一种常用技巧,它可使素材中的某一特定颜色透明,以便能显示位于下面的素材、对象或图层。通常,色度键用作影片或电视节目的天气预报中的特殊效果。

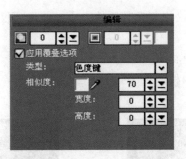

图 6-36　覆叠素材应用色度键

(十九)添加对象或边框

将装饰对象或边框作为覆叠素材添加到视频。添加对象或边框的方法：

1. 在素材库中,选择装饰:对象/边框,此选项位于画廊列表中。

2. 选取一个对象/边框,然后将其拖到时间轴的覆叠轨上。

3. 单击属性选项卡以调整此对象/边框的大小和位置。

(二十)标题

一幅图片可以代表千言万语,但是视频作品中的文字(字幕、开场和结束时的演职员表等)则可使影片更为清晰明了。通过"会声会影"的"标题"步骤,可在几分钟内就创建出带特殊效果的专业化外观标题。

"标题"步骤选项面板:"标题"步骤选项面板允许修改字体、大小和颜色之类的文字属性。

(二十一)"编辑"选项卡

区间:以"时:分:秒:帧"的形式显示所选素材的区间。通过更改时间码值可调整区间。

垂直文字:单击 ⬛ 使标题方向为纵向。

字体:选择所需的字体样式。

字体大小:选择所需的字体大小。

色彩:指定喜欢的字体颜色。

行间距:设置文字行之间的间距,即行距。

旋转角度:设置文字指定的角度和方向(顺时针或逆时针)。

多个标题:选择为文字使用多个文字框。

单个标题:选择为文字使用单个文字框。在从较早版本的"会声会影"中打开项目文件时,此项为自动选中。

文字背景:选择应用单色背景栏、椭圆、矩形、曲边矩形或圆角矩形作为文字的背景。

单击使用单色或渐变色以及设置文字背景的透明度。

边框/阴影/透明度:设置文字的边框、阴影强度和透明度。

打开字幕文件:插入以前保存的影片字幕。

保存字幕文件:将影片字幕保存到文件中以备将来之用。

显示网格线:选择显示网格线。单击打开一个对话框,可在其中指定网格线设置。

"动画"选项卡:应用动画,启用或禁用标题素材的动画。

类型:可在其中为标题选择首选动画效果。

预设值:选择要应用于文字的所选动画类型的预设值。

自定义动画属性:打开一个对话框,可在其中指定动画设置。

(二十二)添加文字(图 6-37)

"会声会影"允许用多文字框和单文字框来添加文字。在为项目创建开场标题和结尾鸣谢名单时,请使用单文字框。

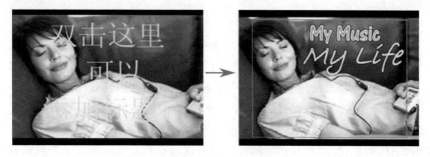

图 6-37　添加文字

(二十三)添加多个标题的方法

1. 在选项面板中,选择多个标题。

2. 使用导览面板中的按钮可以扫描影片,并选取要添加标题的帧。

3. 双击"预览窗口"并输入文字。输入完成后,单击文字框之外的地方。要添加其他文字,请在"预览窗口"中再次双击。

4. 重复步骤 3 以添加更多文字。如果先切换到单个标题,然后将输入的多个文字添加到时间轴,则将只保留所选文字或第一个输入的文字(在未选取文字框时)。其他文字框将被删除,并且文字背景和旋转角度选项将重置并禁用。

(二十四)添加单个标题的方法

1. 在选项面板中,选择单个标题。

2. 使用导览面板中的按钮可以扫描影片,并选取要添加标题的帧。双击"预览窗口"并输入文字。

3. 在"选项面板"中,设置行间距。

4. 在输入文字完成后,单击时间轴以将这些文字添加到项目中。建议将文字保留在标题安全区之内。标题安全区是"预览窗口"上的矩形框。如果将文字保留在标题安全区的范围之内,则在电视上查看这些文字时,它们不会被截断。选择"文件:参数选择"—"常规"选项卡—"在预览窗口中显示标题安全区"可显示或隐藏标题安全区。为项目添加预设的文字素材库中包含了多个预设的文字,可将它们应用于项目。要使用这些预设的文字,请选择标题(画廊列表中),然后将预设的文字拖到"标题轨"上。

(二十五)为项目插入字幕

可以将自己的影片字幕文件用于项目中。要插入自己的影片字幕文件,请单击打开字幕文件。在打开对话框中,找到要使用的文件并单击打开。注意,要打开使用非英语字符的字幕,请在语言中选择相应的选项。

可以通过从导入:到标题轨编号下拉菜单中选择标题轨,然后将标题放置到不同的标题轨中。要编辑其文字属性,请为字幕选择字体、字体大小、字体颜色、行间距和光晕阴影。也可以选择垂直文字将文字方向设置为纵向。

(二十六)保存字幕文件

保存影片字幕允许在将来重新使用这些字幕。单击保存字幕文件以打开另存为对话框。找到保存影片字幕的位置并单击保存。

注意:影片字幕将自动保存为＊.utf文件。

要保存中文、日语或希腊语等语言的字幕,请在"选项面板"中单击打开字幕文件,然后通过浏览查找特定文件。但是,打开该文件之前,请确保已在语言中选择了相应的语言。

(二十七)编辑文字

对于单个标题,请在"标题轨"上选中该标题素材并单击"预览窗口"。对于多个标题,请在"标题轨"上选中该标题素材并单击"预览窗口",然后单击要编辑的文字。

注意:在标题素材插入到时间轴上之后,可以通过拖动此素材的拖柄或在"选项面板"中输入区间值,以此来调整其区间。

要查看标题在底层视频素材上显示的外观,请选中此标题素材并单击播放修整后的素材或拖动飞梭栏。提示:在创建具有相同属性(如:字体和样式)的多个标题素材时,一种较好的经验之法是将标题素材的一个副本存储在素材库中(只需从时间轴中将标题素材拖到素材库中)。用此方法可以方便地复制标题素材(从素材库中将它拖回到标题轨),然后更改标题。修改文字的属性使用"选项面板"中可用的设置可修改文字的属性如:字体、样式和大小等。"更多选项"可以设置文字的样式和对齐方式,对文字应用边框、阴影和透明度,以及为文字添加文字背景。文字背景将文字叠放在椭圆、圆角矩形、曲边矩形或矩形色彩中。

单击 打开文字背景对话框选择是使用单色还是渐变色,并设置文字背景的透明度。在预览窗口中,单击要重新排列的文字框。选中后,右击该文本框,然后在打开的菜单上选择重新叠放此文字的方法。

在包含多个标题的素材中重新调整文字的位置:

旋转文字使用紫色拖柄可将文字朝"预览窗口"中的光标位置旋转。要旋转文字,请确保已选择了文字以显示黄色和紫色拖柄。在"预览窗口"中,单击紫色拖柄并将其拖动到想要放置的位置。也可以在"选项面板"的旋转角度中指定一个值,以便应用更精确的旋转角度。

(二十八)应用动画

用"会声会影"的文字动画工具(如:淡化、移动路径和下降)可以将动画应用到文字中。将动画应用到当前文字的方法:

1. 在动画选项卡中,选择应用动画。

2. 在类型中选择要使用的动画类别。

3. 类型下框中选择预设的动画。提示:单击 **T** 打开一个对话框,可在其中指定动画属性。

4. 拖动暂停区间拖柄以指定文字在进入屏幕之后和退出屏幕之前停留的时间长度(图 6-38)。

图 6-38　暂停区间拖柄

(二十九)将标题保存到素材库中

如果还希望对其他项目使用已创建的标题,建议将其保存在素材库中。只需在"时间轴"中选择标题并将其拖动到素材库即可。音频声音是视频作品获得成功的元素之一,"会声会影"的"音频"步骤允许为项目添加旁白和音乐。"音频"步骤由两个轨组成:声音和音乐。应将旁白插入声音轨而将背景音乐或声音效果插入音乐轨。

(三十)"音频"步骤选项面板

"音频"步骤选项面板由两个选项卡组成:音乐和声音选项卡以及自动音乐选项卡。"音乐和声音"选项卡允许从音频 CD 上复制音乐、录制声音以及对音频轨应用音频滤镜。"自动音乐"允许为项目使用第三方音乐轨。

(三十一)"音乐和声音"选项卡

区间:以"时:分:秒:帧"的形式显示音频轨的区间。也可通过输入所要的区间来预设录音的长度。

素材音量:调整录制的素材的音量级别。

淡入:逐渐增加素材的音量。

淡出:逐渐减小素材的音量。

录音:打开调整音量对话框,可在其中先测试话筒的音量。单击开始开始录制。"会声会影"在时间轴上的声音轨中现有音频的右侧创建新的材。此按钮将在录制过程期间变为停止。

从音频 CD 导入：打开一个对话框，可在其中从音频 CD 导入音乐轨。单击 以更新来自于音频 CD 的 CD 文字或 Internet 的 CD 信息。

回放速度：打开一个对话框，可在其中更改音频素材的速度和区间。

音频滤镜：打开音频滤镜对话框，可在其中对所选音频素材应用音频滤镜。

（三十二）"自动音乐"选项卡

区间：显示所选音乐的总区间。

素材音量：调整所选音乐的音量级别。值 100 表示保持音乐的原始音量级别。

淡入：逐渐增加音乐的音量。

淡出：逐渐减小音乐的音量。

范围：指定程序将如何搜索 SmartSound 文件。

本地：搜索存储在硬盘上的 SmartSound 文件。

固定：搜索存储在硬盘和 CD-ROM 驱动器上的 SmartSound 文件。

自有：搜索所拥有的 SmartSound 文件，包括那些存储在 CD 中的。

全部：搜索桌面计算机和 Internet 上可用的所有 SmartSound 文件。

库：列出可从中导入音乐的可用素材库。

音乐：选择要添加到项目中的所需音乐。

变化：从各种乐器和拍子中选择要应用于所选音乐的项。

播放所选的音乐：以所选变化回放音乐。

添加到时间轴：将所选轨添加到时间轴的音乐轨。

五、添加音频文件

"会声会影"提供了单独的"声音轨"和"音乐轨"，但可以交替地将声音和音乐文件插入到任何一种轨上。要进行插入，请单击并选择插入音频。然后选择要将音频文件插入的轨道。提示：单击音频视图可更方便地编辑音频素材。"会声会影"还附带了几种现成可用的音频素材。单击加载音频将其添加到素材库中以便于获取。

（一）添加声音旁白

纪录片和新闻节目通常使用旁白来帮助观众理解视频中所发生的事

情。"会声会影"允许您自行录制干脆清晰的旁白音频视图并将时间轴更改音频波形。单击该项时,"环绕混音"选项卡将显示。

(二)添加声音旁白的方法

1. 单击音乐和声音选项卡。

2. 使用飞梭栏移到要插入旁白的视频段。

注意:不能在现有素材上录音。选中素材后,录音将被禁用。单击时间轴上的空白区域,确保未选中任何素材。

3. 单击录音。显示调整音量对话框。

4. 对话筒讲话,检查仪表是否有反应。使用 Windows 混音器调整话筒的音量。

5. 单击开始并开始对话筒讲话。

6. 按下【Esc】或单击停止以结束录音。

提示:录制旁白的最佳方法是录制 $10\sim15$ s 的会话。可以很方便地删除录制效果较差的旁白并重新进行录制。要删除旁白,只需在时间轴上选取此素材并按下【Delete】。添加背景音乐所选择的背景音乐为影片设置氛围。"会声会影"可以将 CD 上的曲目录制并转换为 WAV 文件,然后将它们插入到时间轴。"会声会影"还支持 WMA、AVI 以及其他可直接插入音乐轨中的流行音频文件格式。通过从音频 CD 导入捕获音乐。"会声会影"复制 CDA 音频文件,然后将其作为 WAV 文件保存在硬盘上。

(三)从音频 CD 导入音乐的方法

1. 单击音乐和声音选项卡中单击从音频 CD 导入以打开转存 CD 音频对话框。要检查是否检测到了光盘,请注意音频驱动器是否已启用。

2. 在轨列表中选择要导入的音轨。

3. 单击浏览并选择将保存导入文件的目标文件夹。

4. 单击转存以开始导入音频轨。

(四)添加第三方音乐

"会声会影"的自动音乐功能的配乐能达到基于无版税音乐轻松创建作曲家水平,并将其用作项目的背景音乐。每段音乐可采用不同的拍子或乐器变化。注意:"自动音乐制作器"在配乐制作方面,利用已获专利的

SmartSound Quicktracks 技术,并特有多种 SmartSound 无版税音乐。

(五)添加第三方音乐的方法

1. 单击自动音乐选项卡。

2. 在范围中选择程序将如何搜索音乐文件。

3. 选择要从中导入音乐的库。

4. 在音乐下,选择要使用的音乐。

5. 选择所选音乐的变化。单击播放所选的音乐,回放已应用变化的音乐。

6. 设置音量级别,然后单击添加到时间轴。提示:选择自动修整以根据飞梭栏位置将音频素材自动修整为适合于空白空间。

使用素材的音量控制(图 6-39):将在属性面板中找到音量控制,素材音量代表原始录制音量的百分比,取值范围为 0%~500%,其中 0% 将使素材完全静音,100% 将保留原始的录制音量。

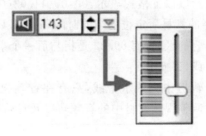

图 6-39　素材音量控制

(六)修整和剪辑音频素材

在录制声音和音乐后,可以在时间轴上轻松修整音频素材。有两种方法修整音频素材:

在时间轴上,选中的音频素材有两个拖柄,可用它们来进行修整。只需按住起始或结束位置的拖柄,然后进行拖动(图 6-40)。

提示:也可以使用"修整拖柄"修整素材库中的素材。

要播放素材的修整部分,单击播放修整后的素材。除了修整,还可以剪辑音频素材。将飞梭栏拖到要剪辑音频素材的位置,然后单击剪辑从飞梭栏位置开始的素材。然后可以删除此素材的多余部分(图6-41)。

图 6-40　修整音频素材(1)

图 6-41　修整音频素材(2)

提示：即时时间码是"会声会影"的一项功能，此功能允许添加带有特殊时间码的素材。当修整并在时间轴上插入重叠的素材时显示此功能，这样就可以根据显示的时间码进行调整。

即时时间码提示以以下格式显示：00：00：11.03(03.06-09.22)。00：00：11.03 表示选择的素材所定位的当前时间码。03.06 代表与前一个素材和后一个素材重叠的区间，而 09.22 是指与后一个素材重叠的区间。

(七)音量调节线(图 6-42)

音量调节线是轨道中央的水平线，只有在音频视图中才可以看到。可以用此调节线来调整视频素材中的音频轨以及音乐和声音轨上的音频素材的音量。

图 6-42　音量调节线

(八)使用调节线调整音量的方法

1. 单击音频视图。

2. 在时间轴上，单击要调整的轨。

3. 单击调节线上的一个点以添加一个关键帧(图 6-43)。这允许采用基于此关键帧调整轨道的音量。

4. 向上/向下拖动关键帧以增加/减小素材在此位置上的音量(图6-44)。

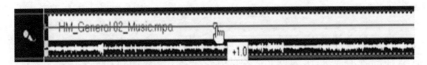

图 6-43 添加关键帧

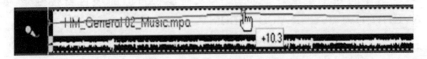

图 6-44 增加/减小素材在位置上的音量

5. 重复步骤 3 和 4 以将更多关键帧添加到调节线并调整音量。

(九)应用音频滤镜

使用"会声会影"可以将滤镜(如放大、嘶声降低、长回音、等量化、音调偏移、删除噪音、混响、体育场、声音降低和音量级别)应用到音乐和声音轨中的音频素材中。只能在时间轴视图中应用音频滤镜。

(十)应用音频滤镜的方法

1. 单击时间轴视图。

2. 选取要应用音频滤镜的音频素材。

3. 在音乐和声音面板中,单击音频滤镜(图 6-45)。这将打开音频滤镜对话框。在可用滤镜列表中,选择所要的音频滤镜并单击添加。

图 6-45 音频滤镜

注意:如果选项按钮已启用,则可以对音频滤镜进行自定义。单击"选项"打开一个对话框,可在其中为特定音频滤镜定义设置。

4. 单击确定。

六、分享

将项目渲染为适合满足观众需求或其他用途的视频文件格式。可将渲染好的视频文件作为网页、多媒体贺卡导出，或通过电子邮件将其发送给亲朋好友。所有此类操作均可在"会声会影"的"分享"步骤中完成。DVD 制作向导也集成在此步骤中，从而能将自己的项目直接刻录为 AVCHD、DVD、VCD、SVCD 和 BDMV。

（一）"分享"步骤选项面板

创建视频文件：创建具有指定项目设置的项目视频文件。

创建声音文件：允许将项目的音频部分保存为声音文件。

创建光盘：调用 DVD 制作向导，并允许从弹出的菜单中选择一个选项将项目以 AVCHD、DVD、VCD、SVCD 或 BDMV 格式刻录。

导出到移动设备：视频文件可导出到其他外部设备，如 PSP、基于 Windows mobile 的设备、SD 卡。只能在创建视频文件之后才能导出项目。

项目回放：清空屏幕，并在黑色背景上显示整个项目或所选片段。如果有连接到系统的 VGA-TV 转换器、摄像机或录像机，还可以输出到录像带。它还允许在录制时手动控制输出设备。

DV 录制：使用 DV 摄像机将所选视频文件录制到 DV 磁带上。

HDV 录制：使用 HDV 摄像机将所选视频文件录制到 DV 磁带上。

在线共享视频：允许项目输出为 FLV 文件直接上载 YouTube。

（二）刻录视频光盘（图 6-46）

单击"选项面板"中的创建光盘输出项目（与其他"会声会影"项目或视频一起），以创建 AVCHD、Blu-ray、DVD、VCD 或 SVCD。

在打开的对话框中，先选择一个输出格式。然后决定是否要添加其他项目和视频。

注意：整个"会声会影"的项目可以放入到"创建光盘"对话框中进行刻录，即使未将其保存为＊.vsp 文件也可。

视频将调整到正确的宽高比（按照"光盘模板管理器"对话框中指定的值），并自动裁剪或变形，以适合正确的宽高比。

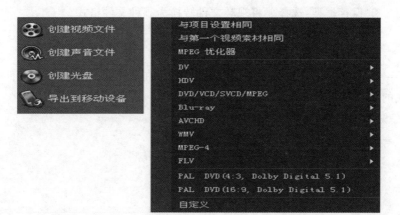

图 6-46　刻录视频光盘

添加文件：导入要包含在最终影片中的视频或"会声会影"项目文件（＊.vsp）。

（三）添加视频的方法

单击添加视频文件。找到视频所在的文件夹，然后选择要添加的一个或多个视频素材。

（四）音频保存选项 Corel VideoStudio 选项卡

1. 整个项目：创建包含完整项目的音频文件。

2. 预览范围：创建仅包含已在时间轴中标记的范围的音频文件。

3. 创建后播放文件：选择此项可在音频文件创建后进行播放。

（五）"压缩"选项卡

1. 格式：单击打开音频格式对话框，可在其中更改音频特性。

2. 属性：从要用于保存的音频特性下拉列表中进行选择。

3. 成批转换列表：显示要转换的视频文件。视频文件的大小、类型、修改日期和路径也将同时显示。

4. 添加：打开批量转换对话框，可在其中选择要转换的文件。

5. 删除：从"批量转换列表"中删除所选文件。

6. 全部删除：删除"批量转换列表"中的所有文件。

7. 保存文件夹：单击浏览选择要保存转换后的视频文件的文件夹。

8. 保存类型:选择要将视频文件转换为哪种文件格式。

9. 转换:开始转换过程。

10. 取消:关闭对话框而不转换视频文件。

11. 选项:打开视频保存选项对话框,可在其中定义针对所选文件格式的保存和压缩设置。

(六)"边框"选项卡

1. 透明文字:选择为文字创建透明效果。

2. 外部边界:选择为文字创建外部边界。

3. 边框宽度:确定边框的厚度。

4. 线条色彩:单击选择边框颜色。

5. 文字透明度:设置文字的透明度。该值越大,文本透明度越高。

6. 柔化边缘:使边框与背景平滑融合。该值越大,边框和背景的融合度越高。

(七)"阴影"选项卡

1. 阴影类型:选择要应用于文字的阴影的类型。

2. 强度:设置下垂阴影强度。

3. 色彩:单击选择阴影的颜色。

4. 透明度:设置文字的透明度。该值越大,阴影透明度越高。

5. 柔化边缘:使边框与背景平滑融合。该值越大,阴影和背景的融合度越高。

(八)捕获选项

1. 捕获音频:从模拟设备进行捕获时捕获音频。

2. 捕获到素材库:将捕获的视频放入素材库。

3. 强制使用预览模式:以 SVCD 或 DVD 格式进行捕获时提高捕获的视频的质量。此选项只有模拟捕获卡支持此功能时可用。

4. 捕获帧速率:选择在捕获视频时使用多少帧速率。帧速率越高,视频越平滑。

(九)改变捕获外挂程序

1. 当前的捕获外挂程序:允许选择对应于计算机上已安装的捕获设备所附带的驱动程序的捕获插件。捕获插件是"会声会影"附带的程序。

它们允许"会声会影"与视频相机通信。

2. 描述：显示所选捕获插件的简要描述。

3. 光盘刻录机：指定刻录设备的设置。

4. 驱动器：设置要用于刻录视频文件的光盘刻录机。

5. 速度：设置刻录视频文件时要使用的刻录速度。

6. 要包含到光盘上的文件：允许将光盘上的文件移动到与视频项目不同的光盘上。

7. 版权信息：包含"会声会影"版权文字。

8. 项目文件：包含用于视频制作的"会声会影"项目文件。

9. 个人文件夹：包含任何其他文件夹。

10. 高级设置：允许调整更多光盘刻录设置。

11. 刻录前测试：检查（实际尚未刻录）驱动器和光盘的 CD/DVD 刻录能力。这将帮助检查系统速度是否能够以指定刻录速度向 CD/DVD 写入设备发送数据。模拟刻录之后，实际刻录将随后开始。如果不选该项，则直接刻录光盘而不执行测试。

12. 缓冲区间断保护：选择在刻录视频文件时使用此技术。此技术有助于消除缓冲区间断问题。此技术的可用性取决于使用的光盘刻录机。

13. 重置 DVD＋RW 背景格式：在刻录之前格式化 DVD＋RW。启用此选项将延长刻录过程，但是将确保成功刻录。首次使用 DVD＋RW 光盘时推荐使用此选项。注意：默认情况下，为确保最大兼容性，此选项未选中。

（十）"常规"选项卡

1. 撤消：允许定义可恢复操作的最大次数。取值范围为 1～99。

2. 重新链接检查：自动执行项目中的素材及其关联源文件之间的交叉检查，从而允许将源文件重新链接到素材。当素材库中的文件移至另一个文件夹位置时，此项检查很重要。

3. 显示启动画面：选择在每次启动"会声会影"时打开启动画面。此启动画面允许选择打开 DV 转 DVD 向导、"会声会影"影片向导或"会声会影"编辑器。

4. 显示 MPEG 优化器对话框：显示要渲染的项目的最佳片段设置。

5. 工作文件夹：允许选择要保存已完成的项目和捕获的视频的文件夹。

6. 素材显示模式：确定视频素材在时间轴上的显示方式。如果希望素材在时间轴上由对应的略图来表示，则选择仅略图。

7. 如果希望素材在时间轴上由其文件名来表示，则选择仅文件名。或者可选择略图和文件名以使素材由其对应的略图和文件名来表示。

(十一)媒体库动画：选择启用媒体库中的媒体动画

1. 将第一个视频素材插入到时间轴时显示消息：使"会声会影"在检测到插入的视频素材的属性与当前项目设置不匹配时提供提示消息。注意：当将第一个视频素材捕获或插入到项目时，"会声会影"将自动检查该素材以及项目的属性。如果文件格式、帧大小等之类的属性不相同，则"会声会影"将显示消息，并提供使项目设置自动调整为与素材属性相匹配的选项。更改项目设置将使"会声会影"执行智能渲染。

2. 自动保存项目间隔：选择和指定"会声会影"自动保存当前活动项目的时间间隔。

3. 回放方法：允许选择项目预览方法。即时回放无需创建临时预览文件，即可快速预览项目中的更改。但是，回放可能会不流畅，具体取决于计算机资源。高质量回放将项目渲染为临时预览文件，然后播放此预览文件。"高质量回放"模式下的回放更加平滑，但是在此模式下首次渲染项目可能需要很长时间才能完成，具体取决于项目大小以及计算机资源。在"高质量回放"模式下，"会声会影"使用智能渲染技术，该技术仅能用于渲染所做的更改，如转场、标题和效果，并且避免重新渲染整个项目。在生成预览时，智能渲染将节省时间。

4. 即时回放目标：选择进行项目预览的位置。如果有双端口显示卡，则可以同时在"预览窗口"和外部显示设备上回放项目。

(十二)背景色：指定要用于素材的背景色

1. 在预览窗口中显示标题安全区域：选择在创建标题时，在预览窗口中显示标题安全区。标题安全区是预览窗口上的矩形框。确保文字处于标题安全区内，以确保全部文字在电视屏幕上正确显示。

2. 在"预览窗口"中显示 DV 时间码：在 DV 视频回放时，在"预览窗口"上显示 DV 视频的时间码。为了使 DV 时间码正确显示，显示卡必须兼容 VMR(视频混合渲染器)。

3. 在预览窗口中显示轨道提示：选择在回放停止时显示不同覆叠轨的轨道信息。